U0318818

面向"十二五"高职高专土木与建筑规划教材

绿色建筑与绿色施工

郝永池　谷志华　主　编

杨晓青　刘　玉　仝国芸　副主编

清华大学出版社

北　京

内 容 简 介

本书共分为 8 章，第 1 章主要介绍绿色建筑和绿色施工的基本知识及认知绿色建筑和绿色施工；第 2 章主要学习节能与能源利用；第 3 章主要学习节地与室外环境；第 4 章主要学习节水与水资源利用；第 5 章主要学习节材与材料资源利用；第 6 章主要学习室内环境质量；第 7 章主要学习绿色建筑运营管理；第 8 章主要学习绿色施工。每一章后均有本章实训，以方便学生进行相应的实训锻炼。

本书为高等职业教育建筑工程类专业规划教材，可作为土木工程、工程管理、建筑设计等相关专业的教材，也可供有关工程技术人员参考。

图书在版编目(CIP)数据

绿色建筑与绿色施工/郝永池，谷志华主编. --北京：清华大学出版社，2015(2018.9 重印)
(面向"十二五"高职高专土木与建筑规划教材)
ISBN 978-7-302-38750-3

Ⅰ. ①绿…　Ⅱ. ①郝…　②谷…　Ⅲ. ①生态建筑—工程施工—高等职业教育—教材　Ⅳ. ①TU74

中国版本图书馆 CIP 数据核字(2014)第 286338 号

责任编辑：桑任松
封面设计：刘孝琼
责任校对：周剑云
责任印制：宋　林
出版发行：清华大学出版社
　　　　　网　　址：http://www.tup.com.cn, http://www.wqbook.com
　　　　　地　　址：北京清华大学学研大厦 A 座　　　邮　　编：100084
　　　　　社 总 机：010-62770175　　　　　　　　　邮　　购：010-62786544
　　　　　投稿与读者服务：010-62776969, c-service@tup.tsinghua.edu.cn
　　　　　质量反馈：010-62772015, zhiliang@tup.tsinghua.edu.cn
　　　　　课件下载：http://www.tup.com.cn, 010-62791865
印 刷 者：北京嘉实印刷有限公司
经　 销：全国新华书店
开　 本：185mm×260mm　　印　张：12.75　　字　数：307 千字
版　 次：2015 年 1 月第 1 版　　　　　　印　次：2018 年 9 月第 5 次印刷
定　 价：39.00 元

产品编号：060411-02

随着经济的发展、科技的进步，以及生活水平的不断提高，人们的生存环境越来越受到广泛的关注，绿色建筑和绿色施工已成为土木建筑业发展的主方向。绿色建筑和绿色施工对提高建筑业的整体技术水平、规范建筑设计与施工、保证建筑工程的节能环保，具有十分重要的意义。绿色建筑和绿色施工是建筑行业中重要的环节，在建筑工程中发挥着重要的作用。

为满足建筑行业专业高职高专教育的需要，培养适应新型工业化生产、建设、服务和管理第一线需要的高素质技术技能人才，我们组织编写了本书。本书结合高职高专教育的特点，突出教材的实践性和新颖性。在力求做到保证知识的系统性和完整性的前提下，以项目教学划分章节。共分为：认知绿色建筑和绿色施工、节能与能源利用、节地与室外环境、节水与水资源利用、节材与材料资源利用、室内环境质量、绿色建筑运营管理、绿色施工共 8 章。每章在介绍基本知识的同时，增加了操作训练，让学生通过在真实环境下的实训练习，强化自身的专业技能。在本书编写的过程中，我们吸取了当前绿色建筑中应用的施工新技术、新方法，并认真贯彻我国现行规范及有关文件，从而增强了应用性、综合性，具有时代特征。每章节除有一定量的习题外，增加了具有行业特点且较全面的工程案例，以求通过实例来培养学生的综合应用能力。

本书由河北工业职业技术学院郝永池教授、河北卓越工程项目管理有限公司谷志华高级工程师任主编，河北工业职业技术学院杨晓青、刘玉、全国芸老师任副主编，郝嫣然、张伟、焦小龙老师参加了本书的编写。全书由郝永池教授统稿、修改并定稿。河北工业职业技术学院杨晓光教授审阅了此书，并提出宝贵意见。在本书编写过程中，得到了有关单位和个人的大力支持。另外，在编写过程中还参考了许多教材、文献、专著等，在此一并表示感谢。

限于作者水平，加上时间仓促，本书肯定存在缺陷和不足之处，敬请读者提出宝贵意见，以便我们改正。

编　者

第1章　认知绿色建筑和绿色施工

【内容提要】

本章以绿色建筑和绿色施工为对象，主要讲述绿色建筑的基本概念、分类和特点。介绍了绿色建筑的产生与发展，以及中国绿色建筑评价标准和绿色施工导则。还介绍了绿色施工的基本概念等内容，让学生对绿色施工有一个初步的认知和了解。最后以绿色建筑和绿色施工调研报告作为本章的实践训练项目，使学生初步认知绿色建筑和绿色施工。

【技能目标】

● 通过对绿色建筑基本知识的识读，巩固已学的相关绿色建筑的基础知识以及了解绿色建筑的概念、特点及发展历程。

● 通过对绿色建筑评价标准的识读，掌握绿色建筑的规范、标准、法律法规及相关基本要求。

● 通过对绿色施工的识读，了解绿色施工的概念、特点及绿色施工导则。

本章是为了全面训练学生对绿色建筑的基本知识、绿色建筑和绿色施工的基本规定等的认知能力，并要求学生对绿色建筑基础知识有一定的认知和理解而设置的。

【项目导入】

1992 年巴西里约热内卢"联合国环境与发展大会"中，与会者第一次明确提出了"绿色建筑"的概念，绿色建筑由此渐成一个兼顾环境关注与舒适健康的研究体系，并在越来越多的国家实践与推广，成为当今世界建筑发展的重要方向。

1.1 绿色建筑基本知识

【学习目标】

了解绿色建筑的基本概念、特点和发展历程，掌握绿色建筑的全寿命周期理论。

1. 绿色建筑的基本概念

1964 年英国人 A.Gordon 提出"全寿命周期成本管理"理论。对建筑物而言，建筑物的前期决策、勘察设计、施工、使用维修乃至拆除，各个阶段的管理相互关联而又相互制约，构成一个全寿命管理系统。为保证和延长建筑物的实际使用年限，必须根据其全寿命周期来制定质量安全管理制度。

我国学者也认为：建筑产品的全寿命周期应是指建筑物从设计、建造、使用直到拆毁的整个寿命周期过程。

《绿色建筑评价标准》(GB/T 50378—2006)中给出了明确的定义：绿色建筑是指在建筑的全寿命周期内，最大限度地节约资源(节能、节地、节水、节材)、保护环境和减少污染，为人们提供健康、适用和高效的使用空间，与自然和谐共生的建筑。

从概念上来讲，绿色建筑主要包含了三点：第一是节约资源，这个节约资源是广义上的，包含了节能、节地、节水、节材，主要是强调减少各种资源的浪费；第二是保护环境，强调的是减少环境污染，减少二氧化碳排放；第三就是满足人们使用上的要求，为人们提供"健康"、"适用"和"高效"的使用空间。只有做到以上三点，才可称之为绿色建筑。

"健康"、"适用"和"高效"这三个词就是绿色建筑概念的缩影，"健康"代表以人为本，满足人们的使用需求；"适用"则代表节约资源，不奢侈浪费、不做豪华型建筑；"高效"则代表着资源的合理利用，同时减少二氧化碳排放和环境污染。绿色建筑代表了现代建筑的发展方向——与自然和谐共生的建筑：与自然相依相存，注重人的恬静以及人与自然环境的和谐。

2. 绿色建筑的特点

绿色建筑安全、健康、舒适、高效、卫生、与自然和谐共处、可持续发展。其主要特点如下。

1) 绿色建筑的全寿命周期性

绿色建筑的实现要求我们建造的建筑物最低限度地影响环境、最大限度地节约资源。

这些要求使我们必须从规划、设计、施工、使用等方面综合考虑。在建筑规划、选址时就要考虑减少资源的消耗，与周围环境的和谐相处和对周围环境的保护；在施工过程中通过科学有效的管理和技术革新，最大限度地节约资源并减少对环境的负面影响；在规划、设计和施工中要考虑建筑物的使用，综合考虑建造成本、使用成本和维修成本，体现出绿色建筑的全寿命周期性。

2) 绿色建筑的环保性

绿色建筑要求尽可能节约资源、保护环境、循环利用、降低污染。在设计和建造绿色建筑时，要使用清洁的可再生能源(太阳能、风能、水能、地热能等)和应用高科技、无污染的施工技术，避免对自然环境的干扰。

3) 绿色建筑的综合性

在绿色建筑的设计和施工中应从场地质量、环境影响、能源消耗、水资源消耗、材料资源、室内环境质量等多方面着手，力求达到与周围环境的和谐，尽量少地破坏原有自然生态，充分利用可再生能源、节约材料消耗。这就需要提高新材料的研发、新技术的应用、绿色施工方案的评估、高效的施工管理等综合能力。

4) 绿色建筑的经济性

通过合理地设计和组织施工可以减少能源消耗、降低重复劳动、充分利用自然资源、降低全寿命周期成本，体现出绿色建筑的经济性。

3. 我国绿色建筑评价体系的发展历程

1) 绿色建筑、可持续建设理念的提出

在1994年召开的第一届绿色建设国际会议上，国际建筑业提出了绿色建筑、可持续建设的理念。其核心是在建筑物的设计、建造、运营与维护、更新改造、拆除等整个生命周期中，用可持续发展的思想来指导工程项目的建设和运营，力求最大限度地实现不可再生资源的有效利用、减少污染物的排放、降低对人类健康的影响，从而营造一个有利于人类生存和发展的绿色环境。

鼓励和推动绿色建筑的发展已经成为世界各国建筑业发展的潮流。建立绿色建筑评价体系是发展绿色建筑的重要手段和工具。

自然资源是指自然界中能被人类用于生产和生活的物质和能量的总称，如水资源、土地资源、矿产资源、森林资源、野生动物资源、气候资源和海洋资源等。这些自然资源按是否能够再生，可划分为可再生资源和不可再生资源。可再生资源是指从自然界获取的、可以再生的非化石能源，包括风能、太阳能、水能、生物质能、地热能和海洋能等。使用清洁的可再生能源(太阳能、风能、水能、地热能等)是绿色建筑的主要发展思路之一。

2) 我国绿色评价体系的阶段性成果

我国已确立了以科学的发展观来指导经济建设的方针。如何在工程项目的建设和使用过程中尽量减少不可再生资源的消耗、避免环境污染、实现工程项目的可持续建设，已经成为我们所面临的一项重要课题。中国在绿色建筑评估体系的研究方面起步较晚，但发展很快，已形成了几套生态住宅建筑评价体系的框架。目前，国内较权威的绿色建筑评估体系有《中国生态住宅技术评估手册》(2001 年发行第一版，2003 年完成第三次升级)。为了实现把北京 2008 年奥运会办成"绿色奥运"的承诺，于 2002 年 10 月立项"绿色奥运建筑评估体系研究"课题，使绿色建筑研究取得丰硕的成果。2006 年 6 月 1 日，国家正式制定并实施《绿色建筑评价标准》(GB/T 50378—2006)，对绿色建筑进行综合性评价和认可。

1.2 绿色建筑评价标准

【学习目标】

了解《绿色建筑评价标准》的基本内容和绿色建筑评价技术细则，掌握绿色建筑的等级划分。

1. 《绿色建筑评价标准》

《绿色建筑评价标准》是我国首次发布的有关绿色建筑的综合性国家标准，第一次从住宅和公共建筑全寿命周期出发，多目标、多层次地对绿色建筑进行综合性评价的推荐性国家标准。

《绿色建筑评价标准》用于评价住宅建筑，办公建筑，以及商场、宾馆等公共建筑。按《绿色建筑评价标准》规定，绿色建筑评价指标体系由节地与室外环境、节能与能源利用、节水与水资源利用、节材与材料资源利用、室内环境质量和运营管理(住宅建筑)或全寿命周期综合性能(公共建筑)六类指标组成。

《绿色建筑评价标准》的出台使绿色建筑首次有了量化考评体系。绿色建筑是指在建筑的全寿命周期内，最大限度地节约资源(节能、节地、节水、节材)、保护环境和减少污染，为人们提供健康、适用和高效的使用空间，与自然和谐共生的建筑。

2. 《绿色建筑评价标准》的编制原则

《绿色建筑评价标准》的编制遵循以下几项原则。
(1) 借鉴国际先进经验，结合我国国情。
(2) 重点突出"四节"与环保要求。
(3) 体现过程控制。
(4) 定量和定性相结合。
(5) 系统性与灵活性相结合。

3. 绿色建筑评价技术细则

为了更好地实行《绿色建筑评价标准》，引导绿色建筑健康发展，受建设部委托，建设部科技发展促进中心和依柯尔绿色建筑研究中心组织编写了《绿色建筑评价技术细则》。编写本细则是为绿色建筑的规划、设计、建设和管理提供更加规范的具体指导，为绿色建筑

评价标识提供更加明确的技术原则，为绿色建筑创新奖的评审提供更加详细的评判依据，从三个层面推进绿色建筑理论和实践的探索与创新。

《绿色建筑评价技术细则》比较系统地总结了国内绿色建筑的实践，特别是自 2005 年 3 月"首届国际智能与绿色建筑技术研讨会"以来的实践，同时还借鉴了美国、日本、英国、德国等国家发展绿色建筑的成功经验。其内容既有符合中国国情的一面，也有与国际绿色建筑发展趋势相适应的一面，具有较强的适应性和较好的先进性。

1) 基本规定

建筑活动是人类对自然资源、环境影响最大的活动之一。我国正处于经济快速发展阶段，年建筑量世界排名第一，资源消耗总量逐年迅速增长。因此，必须牢固树立和认真落实科学发展观，坚持可持续发展理念，大力发展绿色建筑。发展绿色建筑应贯彻执行节约资源和保护环境的国家技术经济政策。

绿色建筑是在全寿命周期内兼顾资源节约与环境保护的建筑。对新建、扩建与改建的住宅建筑及公共建筑中的办公建筑、商场建筑和旅馆建筑的评价，应在交付业主使用一年后进行。

《绿色建筑评价技术细则》依照《绿色建筑评价标准》的内容和要求编制，适用于指导绿色建筑的评价标识和全国绿色建筑创新奖的评审，以及指导绿色建筑的规划设计、建造及运行管理。

不同类型的建筑因使用功能的不同，其消耗资源和影响环境的情况存在较大差异。考虑到我国目前建筑市场的情况，侧重评价总量大的住宅建筑和公共建筑中消耗能源较多的办公建筑、商场建筑、旅馆建筑。其他建筑的评价可参考本标准。

建筑从最初的规划设计到随后的施工、运营及最终的拆除，形成一个全寿命周期。关注建筑的全寿命周期，意味着不仅在规划设计阶段应充分考虑利用环境因素，并且要确保施工过程中对环境的影响最低，在运营阶段能为人们提供健康、舒适、低耗、无害的活动空间，拆除后对环境危害还应降到最低。绿色建筑要求在建筑全寿命周期内，最大限度地节能、节地、节水、节材与保护环境，同时满足建筑功能。这几方面有时是彼此矛盾的，如为片面追求小区景观而过多地用水、为达到节能单项指标而过多地消耗材料，这些都是不符合绿色建筑要求的；而降低建筑的功能要求、适用性，虽然消耗资源少，也不是绿色建筑所提倡的。节能、节地、节水、节材、保护环境五者之间的矛盾必须放在建筑全寿命周期内统筹考虑与正确处理，同时还应重视信息技术、智能技术，以及绿色建筑的新技术、新产品、新材料与新工艺的应用。

我国不同地区的气候、地理环境、自然资源、经济发展与社会习俗等都有着很大的差异，评价绿色建筑时，应注重地域性、因地制宜、实事求是，充分考虑建筑所在地域的气候、资源、自然环境、经济、文化等特点。

2) 绿色建筑相关术语

(1) 热岛强度。

热岛效应是指一个地区(主要指城市内)的气温高于周边郊区的现象，可以用两个代表性

测点的气温差值(城市中某地温度与郊区气象测点温度的差值)即热岛强度表示。本标准采用夏季典型日的室外热岛强度ΔT hi(居住区室外气温与郊区气温的差值，即 8:00—18:00 之间的气温差别平均值)作为评价指标。

(2) 可再生能源。

指从自然界获取的、可以再生的非化石能源，包括风能、太阳能、水能、生物质能、地热能和海洋能等。

(3) 非传统水源。

指不同于传统市政供水的水源，包括再生水、雨水和海水等。

(4) 可再利用材料。

指在不改变所回收物质形态的前提下进行材料的直接再利用，或经过再组合、再修复后再利用的材料。

(5) 可再循环材料。

指已经无法进行再利用的产品通过改变其物质形态，生成另一种材料，实现多次循环利用的材料。

3) 绿色建筑评价标识

绿色建筑评价标识是指对申请进行绿色建筑等级评定的建筑物，依据《绿色建筑评价标准》和《绿色建筑评价技术细则(试行)》，按照要求确定的程序和要求，确认其等级并进行信息性标识的一种评价活动。标识包括证书和标志。

目前我国绿色建筑评价所需基础数据较为缺乏，例如，我国各种建筑材料生产过程中的能源消耗数据，二氧化碳排放量，各种不同植被和树种的二氧化碳固定量等缺少相应的数据库，这就使得定量评价的标准难以科学地确定。因此，目前尚不成熟或无条件定量化的条款暂不纳入，随着有关的基础性研究工作的深入，再逐渐改进评价的内容。每类指标包括控制项、一般项与优选项。控制项为绿色建筑的必备条件；一般项与优选项为划分绿色建筑等级的可选条件，其中优选项是难度大、综合性强、绿色度较高的可选项。

绿色建筑的评价，原则上以住宅建筑或公共建筑为对象，也可以单栋住宅为对象进行评价。评价单栋住宅时，凡涉及室外环境的指标，以该栋住宅所处住区环境的评价结果为准。

对新建、扩建与改建的住宅建筑或公共建筑的评价，在其投入使用一年后进行。

绿色建筑中住宅建筑控制项、一般项与优选项共有 76 项，其中控制项 27 项，一般项 40 项，优选项 9 项。公共建筑控制项、一般项与优选项共 83 项，其中控制项 26 项、一般项 43 项、优选项 14 项。

绿色建筑评价的必备条件应为全部满足住宅建筑或公共建筑中控制项要求。参评的控制项如果全部满足要求，则通过初审。

对一般项、优选项，进行达标判定，判定结果分为是、否、不参评三种。按满足一般项数和优选项数的程度，分为三个等级。等级按表 1.1、表 1.2 确定。

表 1.1　划分绿色建筑等级的项数要求(住宅建筑)

等级	一般项数(共 40 项)						优选项数(共 9 项)
	节地与室外环境(共 8 项)	节能与能源利用(共 6 项)	节水与水资源利用(共 6 项)	节材与材料资源利用(共 7 项)	室内环境质量(共 6 项)	运营管理(共 7 项)	
★	4	2	3	3	2	4	—
★★	5	3	4	4	3	5	3
★★★	6	4	5	5	4	6	5

注：根据住宅建筑所在地区、气候与建筑类型等特点，符合条件的一般项数可能会减少，表中对一般项数的要求可按比例调整。

表 1.2　划分绿色建筑等级的项数要求(公共建筑)

等级	一般项数(共 43 项)						优选项数(共 14 项)
	节地与室外环境(共 6 项)	节能与能源利用(共 10 项)	节水与水资源利用(共 6 项)	节材与材料资源利用(共 8 项)	室内环境质量(共 6 项)	运营管理(共 7 项)	
★	3	4	3	5	3	4	—
★★	4	6	4	6	4	5	6
★★★	5	8	5	7	5	6	10

注：根据建筑所在地区、气候与建筑类型等特点，符合条件的项数可能会减少，表中对一般项数和优选项数的要求可按比例调整。

除控制项应全部满足外，一星级、二星级、三星级还应满足表 1.1 和表 1.2 中对一般项和优选项的要求。当某条文要求不适应该建筑所在地区、气候与建筑类型等条件时，该条文可不作为参评项，参评的总项数相应减少，等级划分时对项数的要求可按原比例调整确定。

评价结论为通过或不通过；对有多项要求的条款，各项要求均满足要求时方能评为通过。定量条款的要求由具有资质的第三方机构认定。

4) 绿色建筑创新奖评审

符合国家的法律法规与相关的标准是参与绿色建筑评价的前提条件。绿色建筑评价标准未全部涵盖通常建筑物所应有的功能和性能要求，而是着重评价与绿色建筑性能相关的功能，主要包括节能、节地、节水、节材与保护环境等方面。因此建筑的基本要求，如结构安全、防火安全等要求没有列入。

发展绿色建筑，建设节约型社会，必须倡导城乡统筹、循环经济的理念，全社会参与，挖掘建筑节能、节地、节水、节材的潜力。

注重经济性，从建筑的全寿命周期核算效益和成本，顺应市场发展需求及地方经济状况，提倡朴实简约，反对浮华铺张，实现经济效益、社会效益和环境效益的统一。

进行绿色建筑创新奖评审，应先审查是否满足控制项的要求。参评的控制项全部满足要求，则通过初审。

为细分绿色建筑的相对差异，在控制项达标的情况下，按本细则的要求进行评分。根据设定的分值，按满足要求的情况评分，逐项评分并汇总各类指标的得分。

六类指标分别评分。每类指标一般项总分为 100 分，所有优选项合并设 100 分。存在不参评项时，总分不足 100 分，应按比例将总分调整至 100 分计算各指标的得分。

六类指标一般项和优选项的得分汇总成基本分。汇总基本分时，为体现六类指标之间的相对重要性，设权值如表 1.3 所示。

表 1.3　六类指标之间的权值分配

指标名称	建筑分类	
	住宅建筑	公共建筑
节地与室外环境	0.15	0.10
节能与能源利用	0.25	0.25
节水与水资源利用	0.15	0.15
节材与材料资源利用	0.15	0.15
室内环境质量	0.20	0.20
运营管理	0.10	0.15
基本分=∑指标得分×相应指标的权值+优选项得分×0.20		

进行绿色建筑创新奖和工程项目评审，应附加对项目的创新点、推广价值、综合效益的评价，分值设定如表 1.4 所示。

表 1.4　项目创新点、推广价值、综合效益分值设定表

评审项	评审要点	分值
基本项	见标准规定	120
创新点	创新内容、难易程度或复杂程度、成套设备与集成程度、标准化水平	10
推广价值	对推动行业技术进步的作用、引导绿色建筑发展的作用	10
综合效益	经济效益、社会效益、环境效益、发展前景及潜在效益	10
总得分 = 基本分 + 创新点项得分 + 推广价值项得分 + 综合效益项得分		

1.3　绿 色 施 工

【学习目标】

了解绿色施工的基本概念，掌握绿色施工导则的基本内容。

1. 绿色施工的概念

绿色施工是指工程建设中，通过施工策划、材料采购，在保证质量、安全等基本要求

的前提下，通过科学管理和技术进步，最大限度地节约资源与减少对环境负面影响的施工活动，强调的是从施工到工程竣工验收全过程的"四节一环保"的绿色建筑核心理念。

绿色建筑主要是在规划设计阶段对绿色建筑进行评价，对施工环节没有严格的要求，而绿色施工则着手提出施工环节中的"四节一环保"。因此严格地说，绿色建筑应该包括绿色施工。绿色建筑不见得通过绿色施工才能完成，而绿色施工成果也不一定是绿色建筑。当然，绿色建筑能通过绿色施工完成最好。

2. 绿色施工导则

2007 年，我国建设部出台《绿色施工导则》，对绿色施工提出标准化要求与管理。在我国经济快速发展的现阶段，建筑业大量消耗资源能源，也对环境有较大影响。因此建设部编制、出台《绿色施工导则》有极其重要的社会背景和现实意义。

我国尚处于经济快速发展阶段，年建筑量世界排名第一，建筑规模已经占到世界的45%。建筑业每年消耗大量能源资源。如我国已连续 19 年蝉联世界第一水泥生产大国，水泥生产排放的二氧化碳高达 5.5 亿吨，而美国仅 0.5 亿吨。年混凝土搅拌与养护用自来水10 亿吨，而国家每年缺水 60 亿吨。

建筑垃圾问题也相当严重。据北京、上海两地统计，施工 10000m² 产生的建筑垃圾达500～600 吨，均是由新材料演变而生，属施工环节中明显的浪费资源、浪费材料。

这些高污染、高消耗的数字令人触目惊心。

从目前施工环节来看，存在着如上所述诸多"四不节"现象。推广绿色建筑，旨在开展绿色施工技术的基础性研究，探索实现绿色施工的方法和途径，为在建筑工程施工中推广绿色施工技术、推行绿色施工评价奠定基础，体现建筑领域可持续发展理念，积极引导，大力发展绿色施工，促进节能、省地型住宅和公共建筑的发展。

《绿色施工导则》推动大量消耗资源、影响环境的建筑业全面实施绿色施工，承担起可持续发展的社会责任，将绿色的理念贯穿绿色建筑的全过程。

更主要的是，当前气候环境问题已经引起全球的高度重视，我国政府在节能减排方面的态度很坚定，目标也很明确。在这种形势下推广实施绿色施工有着极为鲜明的现实意义。

3. 绿色施工与文明施工的关系

文明施工在我国施工企业的实施有一定的历史，宗旨是"文明"，也有环境保护等内涵。文明施工是指保持施工场地整洁、卫生，施工组织科学，施工程序合理的一种施工活动。文明施工的基本条件包括：有整套的施工组织设计(或施工方案)，有严格的成品保护措施和制度，大小临时设施和各种材料、构件、半成品按平面布置堆放整齐，施工场地平整，道路畅通，排水设施得当，水电线路整齐，机具设备状况良好、使用合理，施工作业符合消防和安全要求。

绿色施工是在新的历史时期，为贯彻可持续发展，适应国际发展潮流而提出的新理念，核心是"四节一环保"，除了更严格的环境保护要求外，还要节材、节水、节地、节能，所以绿色施工高于文明施工，严于文明施工。

本 章 实 训

1. 实训内容

学生到绿色建筑和绿色施工现场进行初步调研，完成调研报告。

2. 实训目的

为了让学生了解绿色建筑和绿色施工现场的基本状况，确立绿色建筑和绿色施工的基本理念，通过现场调研的综合实践，全面增强理论知识和实践能力，尽快了解企业、接受企业文化熏陶，提升整体素质，培养感性认识，确定学习目标，为今后的专业学习打下基础。

3. 实训要点

(1) 学生必须高度重视，服从领导安排，听从教师指导，严格遵守实习单位的各项规章制度和学校提出的纪律要求。

(2) 学生在实习期间应认真、勤勉、好学、上进，积极主动完成调研报告。

(3) 学生在实习中应做到：①将所学的专业理论知识同实习单位实际和企业实践相结合。②将思想品德的修养同良好职业技能的培养相结合。③将个人刻苦钻研同虚心向他人求教相结合。

4. 实训过程

(1) 实训准备。

① 做好实训前相关资料的查阅，熟悉绿色建筑和绿色施工现场的基本要求及注意事项。

② 联系参观企业现场，提前沟通好各个环节。

(2) 调研内容。

调研内容主要包括绿色建筑和绿色施工项目概述；绿色建筑措施和绿色施工方法及手段；绿色建筑和绿色施工现场文化等。

(3) 调研步骤。

① 领取调研任务。

② 分组并分别确定实训企业和现场地点。

③ 亲临现场参观调研并记录。

④ 整理调研资料，完成调研报告。

(4) 教师指导点评和疑难解答。

(5) 部分带队讲解。

(6) 进行总结。

5．实训项目基本步骤表

步　骤	教师行为	学生行为
1	交代实训工作任务背景，引出实训项目	
2	布置现场调研应做的准备工作	(1) 分好小组
3	使学生明确调研步骤和内容，帮助学生落实调研企业	(2) 准备调研工具，施工现场戴好安全帽
4	学生分组调研，教师巡回指导	完成调研报告
5	点评调研成果	自我评价或小组评价
6	布置下节课的实训作业	明确下一步的实训内容

6．项目评估

项目：		指导老师：
项目技能	**技能达标分项**	**备　注**
调研报告	① 内容完整　　　　　　 得 2.0 分 ② 符合施工现场情况　　 得 2.0 分 ③ 佐证资料齐全　　　　 得 1.0 分	根据职业岗位所需和技能要求，学生可以补充完善达标项
自我评价	对照达标分项　　　 得 3 分为达标 对照达标分项　　　 得 4 分为良好 对照达标分项　　　 得 5 分为优秀	客观评价
评议	各小组间互相评价 取长补短，共同进步	提供优秀作品观摩学习

自我评价_____　　　　个人签名_____

小组评价　达标率_____　　　组长签名_____

　　　　　良好率_____

　　　　　优秀率_____

　　　　　　　　　　　　　　　　　　　　　　年　　　月　　　日

本 章 总 结

　　绿色建筑是指在建筑的全寿命周期内，最大限度地节约资源(节能、节地、节水、节材)、保护环境和减少污染，为人们提供健康、适用和高效的使用空间，与自然和谐共生的建筑。

　　绿色建筑主要包含三点，一是节能；二是保护环境；三是满足人们使用上的要求。

　　《绿色建筑评价标准》是我国首次发布的有关绿色建筑的综合性国家标准。绿色建筑评价指标体系由节地与室外环境、节能与能源利用、节水与水资源利用、节材与材料资源利用、室内环境质量和运营管理(住宅建筑)或全寿命周期综合性能(公共建筑)六类指标组成。

　　绿色施工是指工程建设中，通过施工策划、材料采购，在保证质量、安全等基本要求的前提下，通过科学管理和技术进步，最大限度地节约资源与减少对环境负面影响的施工活动，强调的是从施工到工程竣工验收全过程的"四节一环保"的绿色建筑核心理念。

　　我国住建部出台《绿色施工导则》，对绿色施工提出标准化要求与管理。在我国经济快速发展的现阶段，建筑业大量消耗资源能源，也对环境有较大影响。《绿色施工导则》的出台有重要的社会背景和现实意义。

本 章 习 题

1. 什么是绿色建筑？绿色建筑包含哪些内容？

2. 绿色建筑具有哪些特点？

3. 我国绿色建筑评价体系有哪些阶段性成果？

4. 《绿色建筑评价标准》有哪几类指标？

5. 《绿色建筑评价标准》的编制原则有哪些？

6. 《绿色建筑评价技术细则》有哪些基本规定？

7. 什么是绿色施工？《绿色施工导则》包含哪些内容？

第 2 章 节能与能源利用

【内容提要】

本章以建筑节能为对象，主要讲述建筑节能的基本概念、含义和建筑节能的重要性。详细讲述建筑围护结构的节能技术、建筑能源系统效率、可再生能源建筑应用技术、绿色建筑节能与能源评价标准等内容，并在实训环节提供建筑节能专项技术实训项目，作为本章的实践训练项目，以供学生训练。

【技能目标】

- 通过对建筑节能基本概念的学习，巩固已学的相关建筑节能的基本知识，了解建筑节能的基本概念、含义和建筑节能的重要性。

- 通过对建筑围护结构节能技术的学习，要求学生熟练掌握建筑外墙、门窗、幕墙、屋面、地面等围护结构的节能技术。

- 通过对建筑能源系统效率的学习，要求学生掌握冷热电联产技术、空调蓄冷技术和能源回收技术等。

- 通过对可再生能源建筑应用技术的学习，要求学生了解太阳能光热利用、太阳能光伏发电、被动式太阳房、太阳能采暖、太阳能空调、地源热泵技术、污水源热泵技术等。

- 通过对绿色建筑节能与能源评价标准的学习，要求学生掌握绿色建筑节能的评价标准。

本章是为了全面训练学生对建筑节能与能源利用的掌握能力、检查学生对建筑节能与能源利用知识的理解和运用程度而设置的。

【项目导入】

中国是一个发展中国家，又是一个建筑大国，每年新建房屋面积高达17亿~18亿平方米，超过所有发达国家每年建成建筑面积的总和。随着全面建设小康社会的逐步推进，我国建设事业迅猛发展，建筑能耗迅速增长。所谓建筑能耗指建筑使用能耗，包括采暖、空调、热水供应、照明、炊事、家用电器、电梯等方面的能耗。其中采暖、空调能耗占60%~70%。中国既有的近500亿平方米建筑，仅有1%为节能建筑，其余无论从建筑围护结构还是采暖空调系统来衡量，均属于高耗能建筑。单位面积采暖所耗能源相当于纬度相近的发达国家的2~3倍。这是由于中国的建筑围护结构保温隔热性能差，采暖用能的2/3白白跑掉。而每年的新建建筑中真正称得上"节能建筑"的还不足1亿平方米，建筑耗能总量在中国能源消费总量中的份额已超过27%，逐渐接近三成。

2.1 建筑节能概述

【学习目标】

了解建筑节能的基本概念、含义和重要性，掌握建筑节能检测和目前存在的问题。

1. 建筑节能基本概念

建筑节能，在发达国家最初是指减少建筑中能量的散失，普遍称为"提高建筑中的能源利用率"。也就是在保证提高建筑舒适性的条件下，合理使用能源，不断提高能源利用效率。

建筑节能具体指在建筑物的规划、设计、新建(改建、扩建)、改造和使用过程中，执行节能标准，采用节能型的技术、工艺、设备、材料和产品，提高保温隔热性能和采暖供热、空调制冷制热系统效率，加强建筑物用能系统的运行管理，利用可再生能源，在保证室内热环境质量的前提下，增大室内外能量交换热阻，以减少供热系统、空调制冷制热、照明、热水供应因大量热消耗而产生的能耗。

2. 建筑节能的含义

全面的建筑节能，就是建筑全寿命过程中每一个环节节能的总和，是指建筑在选址、规划、设计、建造和使用过程中，通过采用节能型的建筑材料、产品和设备，执行建筑节能标准，加强建筑物所使用的节能设备的运行管理，合理设计建筑围护结构的热工性能，提高采暖、制冷、照明、通风、排水和管道系统的运行效率，以及利用可再生能源，在保证建筑物使用功能和室内热环境质量的前提下，降低建筑能源消耗，合理、有效地利用能源。全面的建筑节能是一项系统工程，必须由国家立法、政府主导，对建筑节能做出全面的、明确的政策规定，并由政府相关部门按照国家的节能政策，制定全面的建筑节能标准；要真正做到全面的建筑节能，还须由设计、施工、各级监督管理部门、开发商、运行管理部门、用户等各个环节，严格按照国家节能政策和节能标准的规定，全面贯彻执行各项节能措施，从而使每一位公民真正树立起全面的建筑节能观，将建筑节能真正落到实处。

3. 建筑节能检测

建筑节能检测是通过一系列国家标准确定竣工验收的工程是否达到节能的要求。GB 50411—2007《建筑节能工程施工质量验收规范》对室内温度、供热系统室外管网的水力平衡度、供热系统的补水率、室外管网的热输送效率、各风口的风量、通风与空调系统的总风量、空调机组的水流量、空调系统冷热水总流量、冷却水总流量、平均照度与照明功率密度等进行规范。

公共建筑节能检测依据 JGJ/T 177—2009《公共建筑节能检测标准》对建筑物室内平均温度、湿度、非透光外围护结构传热系数、冷水(热泵)机组实际性能系数、水系统回水温度一致性、水系统供回水温差、水泵效率、冷源系统能效系数、风机单位风量耗功率、新风量与定风量系统平衡度、热源(调度中心、热力站)室外温度等进行节能检测。

居住建筑节能检测依据 JGJ 132—2009《居住建筑节能检测标准》对室内平均温度、围护结构主体部位传热系数、外围护结构热桥部位内表面温度、外围护结构热工缺陷、外围护结构隔热性能、室外管网水力平衡度、补水率、室外管网热损失率、锅炉运行效率、耗电输热比等进行节能检测。

4. 建筑节能的重要性

世界范围内石油、煤炭、天然气三种传统能源日趋枯竭，人类将不得不转向成本较高的生物能、水利、地热、风力、太阳能和核能，而我国的能源稀缺问题更加严重。我国能源发展主要存在四大问题：①人均能源拥有量、储备量低；②能源结构依然以煤为主，约占 75%。全国年耗煤量已超过 13 亿吨；③能源资源分布不均，主要表现在经济发达地区能源短缺和农村商业能源供应不足，造成北煤南运、西气东送、西电东送；④能源利用效率低，能源终端利用效率仅为 33%，比发达国家低 10%。

我国现有近 500 亿 m^2 房屋建筑面积，95% 为高能耗建筑，所以必须实施建筑节能。

建筑用能正持续快速上升，所占社会能耗的比重不断增大。预计到 2020 年，将从目前的 27% 左右上升到 35% 左右。

住建部要求到 2020 年应在 1981 年的基础上节能 65%，达到中等发达国家水平，所以建筑节能任重而道远。

实施建筑节能的好处是：改善建筑物的室内热环境；降低建筑使用能耗；有利于减少大气污染。

建筑节能是一个系统工程，只有在能源利用的各个环节和系统，从规划设计到运行的全过程中贯彻节能的观点，才能取得较好的效果。

建筑能耗包括建材生产能耗、建筑施工能耗和建筑使用能耗，其中建筑使用能耗占 80%～90%。建筑使用能耗主要包括采暖、通风、空调、照明、炊事、电气等。

如果我国继续执行节能水平较低的设计标准，将造成很重的能耗负担和治理困难。庞大的建筑能耗，已经成为国民经济的巨大负担。因此建筑行业全面节能势在必行。全面的建筑节能有利于从根本上促进能源节约和合理利用，缓解我国能源短缺与经济社会发展的矛盾；有利于加快发展循环经济，实现社会经济的可持续发展；有利于长远地保障国家能源安全、保护环境、提高人民群众生活质量、贯彻落实科学发展观。

5. 建筑节能存在的问题

(1) 现行标准对于室内热环境设计指标要求全国一致、城乡一致，不符合实际。

建筑节能应以全国 5 个建筑热工分区的热适应人群为依据，分别确定本地区的室内热环境控制指标；同一地区的热环境质量水平应考虑城乡差别。

(2) 经典的节能技术尚未发挥足够的节能效益。

建筑围护结构保温、隔热，窗口通风，墙面隔热涂料，玻璃贴膜等被动式、低能耗降温技术的标准强制力度不够。

(3) 玻璃建筑空调装机容量和能耗同比高过一倍。

幕墙设计忽视玻璃幕墙建筑整体热惰性差、削峰能力弱的问题。现行设计标准推行的"权衡判断"、"对比评定"方法，成为高能耗"节能建筑"泛滥的助推器。

(4) 建筑设备的系统运行效率普遍不高。

建筑设备的系统运行优化控制技术，尚未纳入强制设计要求；设备系统设计者不懂自控，自控设计者不懂运行，合作意识不足。

(5) 建筑方案设计和规划许可管理环节严重失控。

基础能耗高的设计方案，只能通过大量投入高成本材料或技术进行补救。根本原因在于方案许可管理者无视建筑节能，违背《民用建筑节能管理条例》规定。

(6) 建筑节能施工技术水平低、质量安全隐患大。

建筑节能施工人员未经培训，无证施工，超高层玻璃幕墙、墙体外保温、节能外窗、建筑外遮阳等质量安全隐患堪忧。

(7) 建筑节能标准普及率不高。

建筑节能材料标准、技术标准、标准设计(图集)、施工工法有待普及。

2.2 建筑围护结构节能技术

【学习目标】

了解建筑围护结构节能的基本范围，掌握建筑墙体、门窗和幕墙、屋面、地面的节能技术。

建筑围护结构由包围空间或将室内与室外隔离开来的结构材料和表面装饰材料所构成，包括屋面、墙、门、窗和地面。

围护结构需平衡通风、满足日照需求，提供适用于建筑所在地点气候特征的热湿保护。

不同气候地区应采取相应的保温隔热措施。

(1) 严寒和寒冷地区墙体主要考虑冬季保温的技术要求。

(2) 夏热冬暖地区,主要考虑夏季的隔热。要求围护结构白天隔热好,晚上内表面温度下降快。

(3) 夏热冬冷地区,围护结构既要保证夏季隔热为主,又要兼顾冬天保温要求。

(4) 夏季闷热地区,即炎热而风小地区,隔热能力应大,衰减倍数宜大,延迟时间要足够长,使夏季内表面温度的峰值延迟出现在室外气温下降可以开窗通风的时段,如傍晚。加强屋面与西墙的保温隔热。

绿色建筑围护结构节能设计应考虑气候、门窗开口和热效率几个因素。

1. 墙体(材料)节能技术及设备

外墙节能意义重大,外墙占全部围护面积的 60%以上,其能耗占建筑物总能耗的 40%。

1) 国外墙体材料发展现状

"绿色建材"是当今世界各国的发展方向,轻质、高强、高效、绿色环保以及复合型新型墙体材料是发展趋势。

各国墙体材料发展情况各不相同,主要有以下五大类。

(1) 混凝土砌块。

在美国和日本,建筑砌块已成为墙体材料的主要产品,分别占墙体材料总量的 34%和 33%。欧洲国家中,混凝土砌块的用量占墙体材料的比例在 10%~30%之间,各种规格、品种、颜色配套齐全,并制定了完善的混凝土砌块产品标准、应用标准和施工规范等。

(2) 灰砂砖。

产品种类很多,从小型砖到大型砌块。灰砂砖以空心制品为主,实心砖产量很小。灰砂砌块均为凹槽连接,具有很好的结构稳定性。德国是灰砂砖生产和使用量较大的国家。灰砂砖产量较大的国家还有俄罗斯、波兰和一些东欧国家。

(3) 纸面石膏板。

美国是纸面石膏板最大生产国,目前年产量已超过 20 亿平方米。日本目前年产量为 6 亿平方米。其他产量较大的有加拿大、法国、德国、俄罗斯等。在石膏原料方面,近年来,用工业废石膏生产石膏板和石膏砌块技术发展迅速。

(4) 加气混凝土。

俄罗斯是加气混凝土生产和用量最大的国家,其次是德国、日本和一些东欧国家。在原料方面,加大了对粉煤灰、炉渣、工业废石膏、废石英砂和高效发泡剂的利用。法国、瑞典和芬兰已将密度小于 $300kg/m^3$ 的产品投入市场,产品具有较低的吸水率和良好的保温性能。

(5) 复合轻质板。

复合轻质板包括玻璃纤维增强水泥(GRC)板、石棉水泥板、硅钙板与各种保温材料复合而成的复合板,以及金属面复合板、钢丝网架聚苯乙烯夹芯板(CS)等。复合轻质板是目前世界各国大力发展的一种新型墙体材料。其优点是:集承重、防火、防潮、隔音、保温、隔热于一体。法国的复合外墙板占全部预制外墙板的比例是 90%，英国是 34%，美国是 40%。

2）国内墙体材料发展现状

我国建筑材料行业流行着 3 个 70%的说法，即房建材料的 70%是墙体材料；墙体材料的 70%是黏土砖；而建筑行业节能的 70%有赖于墙体材料的改革。

这种说法一方面是国内墙材应用的真实写照，另一方面也说明墙材革新有着巨大的潜力。我国的墙体材料改革已经历了十多年，但与工业发达国家相比，要落后 40～50 年。主要表现在产品档次低、企业规模小、工艺装备落后、配套能力差等。

3）新型墙体材料技术

新型墙体材料主要是非黏土砖、建筑砌块及建筑板材。

实际上，新型墙材已经出现了几十年，由于这些材料我国没有普遍使用，仍然被称作新型墙体材料。

新型墙材的特点包括轻质、高强、保温、隔热、节土、节能、利废、无污染、可改善建筑功能、可循环利用等。

4）复合外墙技术

(1) 复合墙体是指在墙体主结构上增加一层或多层保温材料形成内保温、夹心保温和外保温复合墙体，如图 2.1 所示。

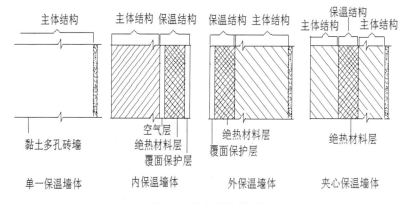

图 2.1　复合墙体类型

(2) 复合墙体采用的材料。主要有 A 级无机保温材料，包括岩棉、泡沫玻璃等。缺点是导热系数不够高，岩棉很容易变形。B1、B2 级保温材料包括改性酚醛、EPS 聚苯板和 XPS 挤塑板等。

目前建筑用保温、隔热材料主要包括岩棉、矿渣棉、玻璃棉、聚苯乙烯泡沫、膨胀珍珠岩、膨胀蛭石、加气混凝土及胶粉聚苯颗粒浆料等。这些材料的生产、制作都需要采用特殊的工艺、特殊的设备，是传统技术所不能及的。

值得一提的是胶粉聚苯颗粒浆料，它是将胶粉料和聚苯颗粒轻骨料加水搅拌成浆料，抹于墙体外表面，形成无空腔保温层。聚苯颗粒骨料是采用回收的废聚苯板经粉碎制成，而胶粉料掺有大量的粉煤灰，属于资源综合利用、节能环保的材料。

(3) 复合墙体主要做法有以下几种。

◆ 膨胀聚苯板与混凝土一次现浇外墙外保温系统，适用于多层和高层民用建筑现浇混凝土结构外墙外保温工程。

◆ 膨胀聚苯板薄抹灰外墙外保温系统，适用于民用建筑混凝土或砌体外墙外保温工程。

◆ 机械固定钢丝网架膨胀聚苯板外墙外保温系统，适用于民用建筑混凝土或砌块外墙外保温工程。

◆ 胶粉聚苯颗粒外墙外保温系统，适用于寒冷地区、夏热冬冷和夏热冬暖地区民用建筑的混凝土或砌体外墙外保温工程。

◆ 现浇混凝土复合无网聚苯板胶粉聚苯颗粒找平外保温系统，适用于多层、高层建筑现浇钢筋混凝土剪力墙结构外墙保温工程和大模板施工的工程。

5) 墙体隔热措施

墙体隔热措施包括：①提高外墙夏季隔热效果，其措施主要有外表面涂刷浅色涂料；②提高墙体的 D 值；③外墙内侧采用重质材料等。

2. 门窗节能技术及设备

门窗(幕墙)是建筑物热交换、热传导最活跃和最敏感的部位，是墙体热损失的 5～6 倍，约占建筑围护结构能耗的 40%。因此门窗节能意义重大。

1) 窗体节能

对建筑物而言，环境中最大的热能是太阳辐射能，从节能的角度考虑，建筑玻璃应能控制太阳辐射。照射到玻璃上的太阳辐射，一部分被玻璃吸收或反射，另一部分透过玻璃成为直接透过的能量。

目前窗体面积大约为建筑面积的 1/4，为围护结构面积的 1/6。单层玻璃外窗的能耗约占建筑物冬季采暖夏季空调降温的 50%以上。窗体对于室内负荷的影响主要是通过空气渗透、温差传热以及辐射热的途径。根据窗体的能耗来源，可以通过相应的有效措施来达到节能的目的。

外窗的节能措施有：尽量减少门窗的面积(北向≤25%，南向≤25%，东西向≤30%)、选择适宜的窗型(平开窗、推拉窗、固定窗、悬窗)、增设门窗保温隔热层(空气隔热层、窗户框料、气密性)、注意玻璃的选材(吸热玻璃、反射玻璃、贴膜玻璃)、设置遮阳设施(外廊、阳台、挑檐、遮阳板、热反射窗帘)等。

(1) 采用合理的窗墙面积比，控制建筑朝向。

在兼顾一定的自然采光的基础之上，尽量减少窗墙面积比。一般对于夏季炎热、太阳辐射强度大的地区，东西应尽量开小窗甚至不开窗；对于南面窗体则需要加强防太阳辐射，北面窗体则应提高保温性能。国家节能标准对窗墙比的要求中，北向的窗墙比为 0.25、东西向的窗墙比为 0.30、南向的窗墙比为 0.35。

(2) 加强窗体的隔热性能，增强热反射，合理选择窗玻璃。常用玻璃的技术参数如表 2.1 所示。常用的四种材料窗框的参数如表 2.2 所示。

表 2.1　常用玻璃的技术参数

玻璃名称	种类结构	技术参数		
		透光率/%	遮阳系数 SD	传热系数 K/(W/m^2·K)
单片透明玻璃	6C	89	0.99	5.58
单片热反射玻璃	6CTS140	40	0.55	5.06
双层透明中空玻璃	6C+12A+6C	81	0.87	2.72
热反射镀膜中空玻璃	6CTS140+2A+6C	37	0.44	2.54
高透型 LOW-E 玻璃	6CES11+12A+6C	73	0.61	1.79
遮阳型 LOW-E 玻璃	6CEB12+12A+6C	39	0.31	1.66

表 2.2　四种材料窗框的参数表

类别指标	PVC 塑钢	铝合金	钢	玻璃钢
质量密度/(10^3kg/m^3)	1.4	2.9	7.85	1.9
热膨胀系数/(10^{-6}/℃)	7.0	21.0	11.0	7.0
导热系数/(W/m·℃)	0.43	203.5	46.5	0.30
拉伸强度/(MPa)	50.0	150.0	420.0	420.0
比强度/(Nm/kg)	36.0	53.0	53.0	221.0
使用寿命/年	10	45	10	50

一般而言，坚固耐用、水密性和气密性好、外观颜色多样化、导热系数低、价格适中的窗框材料更易被市场所接受。

(3) 增加外遮阳，减少热辐射。

根据实践证明，适当的外遮阳布置，会比内遮阳窗帘对减少日射热量更为有效。有时甚至可以减少日射热量的 70%～80%。外遮阳可以依靠各种遮阳板、建筑物的遮挡、窗户侧檐、屋檐等发挥作用。

在我国南方地区建筑的外窗及透明幕墙，特别是东、西朝向，应优先采用外遮阳措施。

活动的外遮阳设施适用于北方地区，夏季能抵御阳光进入室内，而冬季能让阳光进入室内。

固定外遮阳措施适用于以空调能耗为主的南方地区，它有利于降低夏季空调能耗。

当建筑采用外遮阳设施时，遮阳系统与建筑的连接必须保证安全、可靠，尤其在高层公共建筑应更加注意。

(4) 安设窗体密封条，减少能量渗漏。

窗体密封是一种最直接建筑节能措施，可节能 15% 以上。窗体密封除了减少冷热量(能量)渗漏，还可以改善居住和工作条件。窗体密封条形状如图 2.2 所示。

2) 门窗节能设备

门窗的制造材料从单一的木、钢、铝合金等发展到了复合材料，如铝合金-木材复合、铝合金-塑料复合、玻璃钢等。

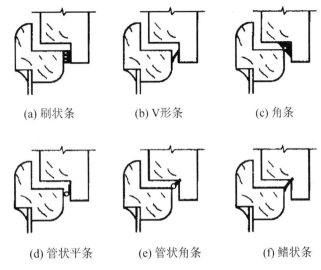

(a) 刷状条	(b) V 形条	(c) 角条
(d) 管状平条	(e) 管状角条	(f) 鳍状条

图 2.2 窗体密封条形状

节能门窗包括 PVC 塑料门窗、铝木复合门窗、铝塑复合门窗、玻璃钢门窗等。

节能玻璃包括中空玻璃、热反射玻璃、太阳能玻璃、吸热玻璃、电致变色玻璃、玻璃替代品(聚碳酸酯板)等。

(1) 中空玻璃。中空玻璃应用的是保温瓶原理，是一种很有发展前途的新型节能建筑装饰材料，具有优良的保温、隔热和降噪性能。北京天恒大厦地上 22 层，总建筑面积 57000 多平方米，真空玻璃幕墙 7000 多平方米，真空玻璃窗 2500 平方米，所用真空玻璃传热系数小于 1.2W/(m²·K)，计权隔声量高于 36dB。它是世界上首座全真空玻璃大厦，也是世界上首座采用大面积真空玻璃幕墙的大厦。

国家体育馆外围护玻璃幕墙玻璃分为两种方式：西、北立面以乳白色双层玻璃内填白色 30mm 厚挤塑板玻璃幕墙为主(传热系数控制在 0.8 以内)，以 Low-E 中空玻璃幕墙为辅；东、南立面采用 Low-E 中空玻璃(传热系数控制在 2.0 以内)。

(2) 热反射镀膜玻璃。热反射镀膜玻璃是在玻璃表面镀金属或金属化合物膜，使玻璃呈丰富色彩并具有新的光、热性能。

在夏季光照强的地区，热反射玻璃的隔热作用十分明显，可有效衰减进入室内的太阳热辐射。但在无阳光的环境中，如夜晚或阴雨天气，其隔热作用与白玻璃无异。从节能的角度来看，它不适用于寒冷地区，因为这些地区需要阳光进入室内采暖。

(3) 镀膜低辐射玻璃。镀膜低辐射玻璃又称 Low-E 玻璃，是表面镀上拥有极低表面辐射率的金属或其他化合物组成的多层膜的特种玻璃。

Low-E 玻璃将是未来节能玻璃的主要品种。

高透型 Low-E 玻璃，对以采暖为主的北方地区极为适用。

遮阳型 Low-E 玻璃，对以空调制冷的南方地区极为适用。

五棵松体育馆外墙应用 27000 平方米 Low-E 中空玻璃幕墙，采用纳米超双亲镀膜技术，导热系数 $K \leqslant 2$，遮阳系数则小于 0.45。

(4) 太阳能玻璃。太阳能玻璃又称光伏玻璃，是指用于太阳能光伏发电和太阳能光热组件的封装或盖板玻璃，主要包括太阳能超白压花玻璃或超白浮法玻璃。

太阳能玻璃被广泛应用于太阳能生态建筑、太阳能光伏产业、太阳能集热器、制冷与空调、太阳能热发电等领域。

作为新型节能环保类建材，太阳能玻璃有着巨大的应用潜力。目前我国的产能已经跃居世界第一位，但在核心技术层面，我国与欧美等发达国家还有一定的差距。

国家体育馆有 24 块太阳能电池板(德国进口)，镶入外立面双层玻璃幕墙之中，为国内首次应用。

很多场馆使用太阳能电池幕墙等，做到太阳能建筑工程一体化。

(5) 电致变色玻璃。电致变色玻璃由基础玻璃和电致变色系统组成。通过选择性地吸收或反射外界热辐射和阻止内部热扩散，可保温隔热，减少能耗。

(6) 玻璃替代品(聚碳酸酯板)。聚碳酸酯板又称 PC 板、耐力板、阳光板，俗称"防弹胶"，属于热塑性工程塑料，是具有最大冲击强度的韧性板材。

聚碳酸酯板不但透光性好、强度高、抗冲击、重量轻、耐老化、易施工，而且具有隔热、隔音、防紫外线、阻燃等特点。

(7) 现代建筑遮阳技术。现代建筑遮阳技术在近几年应用非常广泛，对建筑节能起到了重要作用。在奥运村住宅卧室及卫生间中，广泛使用了百叶中空玻璃。百叶中空玻璃是在中空玻璃内置百叶，可实现百叶的升降、翻转，其结构合理，操作简便，具有良好的遮阳性能，提高了中空玻璃保温性能，改善了室内光环境，广泛适用于节能型建筑门窗。

例如，深圳会议展览中心使用了世界上单片叶片最大、使用面积最大的遮阳百叶项目，已于 2004 年 5 月建成应用。其单片百叶尺寸为 6 米×1.3 米，叶片投影总面积超过 50000 平方米，为可调节式遮阳百叶。

3. 屋面节能技术及设备

屋顶的保温、隔热是围护结构节能的重点之一。在寒冷的地区屋顶要设保温层，以阻止室内热量散失。在炎热的地区屋顶设置隔热降温层以阻止太阳的辐射热传至室内。在冬冷夏热地区(黄河至长江流域)，建筑节能则要冬、夏兼顾，保温常用的技术措施是在屋顶防水层下设置导热系数小的轻质材料，如膨胀珍珠岩、玻璃棉等；也可在屋面防水层以上设置聚苯乙烯泡沫。

屋顶隔热降温的方法有架空通风、屋顶蓄水或定时喷水、屋顶绿化等。

1) 保温隔热屋面

(1) 一般保温隔热屋面(平屋顶或坡屋顶最为常用)。

一般保温隔热屋面又称为正置式屋面，其构造一般为隔热保温层在防水层的下面。因为传统屋面隔热保温层的选材一般为珍珠岩、水泥聚苯板、加气混凝土、陶粒混凝土、聚苯乙烯板(EPS)等材料。这些材料普遍存在吸水率大的通病，如果吸水，保温隔热性能大大降低，无法满足隔热的要求，所以一定要将防水层做在其上面，防止水分的渗入，保证隔热层的干燥，方能隔热保温。

(2) 倒置式屋面。

《屋面工程技术规范》(GB 50207—94)和《建筑设计资料集》第二版第 8 册中阐明，倒置式屋面(IRMAROOF)就是"将憎水性保温材料设置在防水层上的屋面"。其构造层次为保温层、防水层、结构层。这种屋面对采用的保温材料有特殊的要求，应当使用具有吸湿性低，而气候性强的憎水材料作为保温层(如聚苯乙烯泡沫塑料板或聚氯酯泡沫塑料板)，并在保温层上加设钢筋混凝土、卵石、砖等较重的覆盖层。

倒置式屋面与普通保温屋面相比较，主要有以下优点。

① 构造简化，避免浪费。

② 防水层受到保护，避免热应力、紫外线以及其他因素对防水层的破坏。

③ 出色的抗湿性能使其具有长期稳定的保温隔热性能与抗压强度。

④ 如采用挤塑聚苯乙烯保温板能保持较长久的保温隔热功能，持久性与建筑物的寿命等同。

⑤ 憎水性保温材料可以用电热丝或其他常规工具切割加工，施工快捷简便。

⑥ 日后屋面检修不损材料，方便简单。

⑦ 采用了高效保温材料，符合建筑节能技术发展方向。

2) 架空通风屋面

架空通风屋面是指用烧结黏土或混凝土制成的薄型制品，覆盖在屋面防水层上并架设一定高度的空间，利用空气流动加快散热，起到隔热作用的屋面。

架空通风屋顶在我国夏热冬冷地区广泛采用，尤其是在气候炎热多雨的夏季，这种屋面构造形式更显示出它的优越性。通风屋顶的原理是在屋顶设置通风间层，一方面利用通风间层的外层遮挡阳光，如设置带有封闭或通风的空气间层遮阳板拦截了直接照射到屋顶的太阳辐射热，使屋顶变成两次传热，避免太阳辐射热直接作用在围护结构上；另一方面利用风压和热压的作用，尤其是自然通风，将遮阳板与空气接触的上下两个表面所吸收的太阳辐射热转移到空气随风带走，风速越大，带走的热量越多，隔热效果也越好，大大地提高了屋盖的隔热能力，从而减少室外热作用对内表面的影响。

通风屋顶的优点有很多，如省料、质轻、材料层少，还有防雨、防漏、经济、易维修等特点。最主要的是构造简单，比实体材料隔热屋顶降温效果好。甚至一些瓦面屋顶也加砌架空瓦用于隔热，保证白天能隔热，晚上则易散热。

通过有关实验证明，通风屋面和实砌屋面相比，虽然两者的热阻值相等，但它们的热工性能有很大的不同，以武汉市某节能试验建筑为例，在自然通风条件下，实砌屋顶内表面温度平均值为 35.5℃，最高温度达 38.9℃，而通风屋顶为 33.5℃，最高温度为 36.8℃，通风屋顶内表面温度比实砌屋面平均低 2.0℃。通风屋顶还具有散热快的特点，实测表明，通风屋面内表面温度波的最高值比实砌屋面要延后 3～4h。

在通风屋面的设计施工中应考虑以下几个问题。

(1) 通风屋面的架空层设计应根据基层的承载能力，构造形式要简单，且架空板便于生产和施工。

(2) 通风屋面和风道长度不宜大于 15m，空气间层以 200mm 左右为宜。

(3) 通风屋面基层上面应有保证节能标准的保温隔热基层，一般按冬季节能传热系数进行校核。

(4) 架空平台的位置在保证使用功能的前提下应考虑平台下部形成良好的通风状态，可以将平台的位置选择在屋面的角部或端部。当建筑的纵向正迎夏季主导风向时，平台也可位于屋面的中部，但必须占满屋面的宽度；当架空平台的长度大于 10m 时，宜设置通风桥改善平台下部的通风状况。

(5) 架空隔热板与山墙间应留出 250mm 的距离。

(6) 防水层可以采用一道或多道(复合)防水设防，但最上面一道宜为刚性防水层。要特别注意刚性防水层的防蚀处理，防水层上的裂缝可用一布四涂盖缝，分格缝的嵌缝材料应选用耐腐蚀性能良好的油膏。此外，还应根据平台荷载的大小，对刚性防水层的强度进行验算。

(7) 架空隔热层施工过程中，要做好已完工防水层的保护工作。

3) 种植屋面

德国作为最先开发屋顶绿化技术的国家，在新技术研究方面处于世界领先的地位。到 2007 年，德国的屋顶绿化率达到 80%左右，是全世界屋顶绿化做得最好的国家。

欧美其他国家如英国、瑞士、法国、挪威、美国等也都非常重视屋顶绿化，并获得了很好的效果。

日本政府特别鼓励建造屋顶绿化建筑。东京规定新建建筑物占地面积超过 1000 平方米的，屋顶必须有 20%为绿色植物覆盖，否则要被罚款。

目前欧美通常根据栽培养护的要求将屋顶绿化分为三种普遍类型：粗放式屋顶绿化、半精细式屋顶绿化和精细式屋顶绿化。

◆ 粗放式屋顶绿化，又称开敞型屋顶绿化，是屋顶绿化中最简单的一种形式。具有以下基本特征：以景天类植物为主的地被型绿化，一般构造的厚度为 5~15(20)cm，低养护，免灌溉，重量为 60~200kg/m²。

◆ 半精细式屋顶绿化，是介于粗放式和精细式屋顶绿化之间的一种形式。其特点是：利用耐旱草坪、地被、低矮的灌木或可匍匐的藤蔓类植物进行屋顶覆盖绿化。一般构造的厚度为 15~25cm，需要适时养护、及时灌溉，重量为 120~250kg/m²。

◆ 精细式屋顶绿化，指的是植物绿化与人工造景、亭台楼阁、溪流水榭等的完美组合。它具备以下几个特点：以植物造景为主，采用乔、灌、草结合的复层植物配植方式，产生较好的生态效益和景观效果。一般构造的厚度为 15~150cm，经常养护，经常灌溉，重量为 150~1000kg/m²。

4) 蓄水屋面

蓄水屋面是在屋面防水层上蓄一定高度的水，起到隔热作用的屋面。

蓄水屋面的主要原理为：在太阳辐射和室外气温的综合作用下，水能吸收大量的热而由液体蒸发为气体，从而将热量散发到空气中，减少屋盖吸收的热能，起到隔热的作用。此外，水面还能够反射阳光，减少阳光辐射对屋面的热作用。水层在冬季还有一定的保温作用。

蓄水屋面既可隔热又可保温，还能保护防水层，延长防水材料的寿命。

一般水深 50mm 即可满足理论要求，但实际使用中以 150～200mm 为适宜深度。为了保证屋面蓄水深度均匀，蓄水屋面的坡度不可以大于 0.5%。

屋面节能技术案例：国家体育馆屋顶采用比较罕见的九层复合结构，由水泥板、玻璃棉、防水层、吸隔声材料组成，并在最外层喷涂吸音材料，最大限度地减少屋外噪音的影响。

4. 楼地面节能工程

在建筑围护结构中，通过地面向外传导的热(冷)量占围护结构传热量的 3%～5%。

地面节能主要包括三部分：一是直接接触土壤的地面，二是与室外空气接触的架空楼板底面，三是地下室(±0.000 以下)、半地下室与土壤接触的外墙。

概括来说，楼、地面保温隔热分以下三类。

(1) 不采暖地下室顶板作为首层的保温隔热。

(2) 楼板下方为室外气温情况的楼、地面的保温隔热。

(3) 上下楼层之间的楼面的保温隔热。

目前楼、地面的保温隔热技术一般分以下两种。

(1) 普通的楼面在楼板的下方粘贴膨胀聚苯板、挤塑聚苯板或其他高效保温材料后吊顶。

(2) 采用地板辐射采暖的楼、地面，在楼、地面基层完成后，在该基层上先铺保温材料，而后将交联聚乙烯、聚丁烯、改性聚丙烯或铝塑复合等材料制成的管道，按一定的间距，以双向循环的盘曲方式固定在保温材料上，然后回填细石混凝土，经平整夯实后，就在其上铺地板。

楼地面的几种保温构造做法如图 2.3～图 2.5 所示。

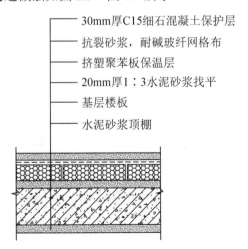

图 2.3　不采暖地下室顶板的保温构造做法示意

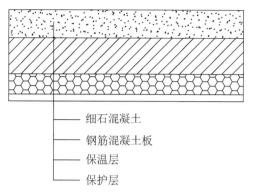

图 2.4　直接暴露于大气中的楼、地面的保温构造示意(保温层位于楼板之下)

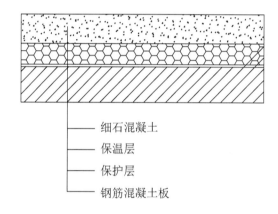

图 2.5　直接暴露于大气中的楼、地面的保温构造示意(保温层位于楼板之上)

对于常规保温地面,基层是指结构层上部的找平层,在进行保温层施工前,基层应平整,表面要干燥。为了防止保温材料因土壤潮气而受潮,在保温层、结构层之间增加了隔离层。隔离层的施工质量对于上部保温层的保温效果非常重要,如果隔离层所采用材料达不到设计要求、施工过程中材料接缝密封不严,潮气将进入保温层,不仅会影响效果,而且可能造成保温层因结冻或湿汽膨胀而造成破坏。

5. 双层幕墙节能技术

20 世纪 70 年代以来,玻璃幕墙随着现代建筑的发展以前所未有的速度在全世界得到普及。随着玻璃幕墙的广泛应用,其弊端也逐渐显现出来,例如:由于玻璃材料的传热系数相较于传统的砖石等材料要大很多,并且夏季太阳辐射可以直接射入玻璃形成温室效应,所以普通玻璃幕墙的供热、制冷能耗相应大大增加,而且很难达到人体舒适性的要求。玻璃幕墙建筑由于其高能耗也被人们所诟病。另外玻璃幕墙也会在城市环境中带来光污染,以及吸热作用产生的热岛效应等不良问题。

随着世界范围内环境、能源问题的凸现,人们对玻璃幕墙的种种弊端逐渐重视起来,这也促使人们开发和采用新型建筑材料、品种,采用新型的结构构造体系、正确的施工方法来解决这些出现的问题。近几十年来，玻璃幕墙得到了进一步的发展，逐渐向智能化、生态化的方向发展，其中一个重要的发展成果是双层幕墙结构(Double Skin Façade，DSF)。

1) 双层幕墙的概念

根据 GB/T 21086 的定义，双层幕墙是由外层幕墙、热通道和内层幕墙(或门、窗)构成，且在热通道内可以形成空气有序流动的建筑幕墙。双层幕墙是双层结构的新型幕墙，外层结构一般采用点式玻璃幕墙、隐框玻璃幕墙或明框玻璃幕墙，内层结构一般采用隐框玻璃幕墙、明框玻璃幕墙、铝合金门或铝合金窗。内外结构之间分离出一个介乎室内和室外的中间层，形成一种通道，空气可以从下部进风口进入通道，也可以从上部出风口排出通道，空气在通道流动，导致热能在通道中流动和传递，这个中间层称为热通道，也称为热通道幕墙。

2) 双层幕墙的类型

双层幕墙由内外两层玻璃幕墙组成，与传统幕墙相比，它的最大特点是在内外两层幕墙之间形成一个通风换气层，由于此换气层中空气的流通或循环的作用，使内层幕墙的温度接近室内温度，减小温差，因而它比用传统的幕墙采暖时节约能源 42%～52%；制冷时节约能源 38%～60%。另外由于双层幕墙的使用，整个幕墙的隔音效果、安全性能等也得到了很大地提高。双层幕墙根据通风层结构的不同可分为"封闭式内通风"和"敞开式外通风"两种。

(1) 封闭式内通风双层幕墙。

封闭式内通风双层幕墙，一般在冬季较为寒冷的地区使用，其外层原则上是完全封闭的，一般由断热型材与中空玻璃组成外层玻璃幕墙，其内层一般为单层玻璃组成的玻璃幕墙或可开启窗，以便对外层幕墙进行清洗。两层幕墙之间的通风换气层一般为 100～200 毫米。通风换气层与吊顶部位设置的暖通系统抽风管相连，形成自下而上的强制性空气循环，室内空气通过内层玻璃下部的通风口进入换气层，使内侧幕墙玻璃温度达到或接近室内温度，形成优越的温度条件，从而达到节能效果。在通道内设置可调控的百叶窗或垂帘，可有效地调节日照遮阳，为室内创造更加舒适的环境。

从英国劳氏船社总部大厦及美国西方化学中心大厦的使用来看，其节能效果较传统单层幕墙达 50%以上。

(2) 敞开式外通风双层幕墙。

敞开式外通风双层幕墙与封闭式内通风双层幕墙相反，其外层是单层玻璃与非断热型材组成的玻璃幕墙，内层是由中空玻璃与断热型材组成的幕墙。内外两层幕墙形成的通风换气层的两端装有进风和排风装置，通道内也可设置百叶等遮阳装置。冬季时，关闭通风层两端的进排风口，换气层中的空气在阳光的照射下温度升高，形成一个温室，有效地提高了内层玻璃的温度，减少建筑物的采暖费用。夏季时，打开换气层的进排风口，在阳光的照射下换气层空气温度升高自然上浮，形成自下而上的空气流，由于烟囱效应带走通道内的热量，降低内层玻璃表面的温度，减少制冷费用。另外，通过对进排风口的控制以及对内层幕墙结构的设计，达到由通风层向室内输送新鲜空气的目的，从而优化建筑通风质量。

可见敞开式外通风双层幕墙不仅具有封闭式内通风双层幕墙在遮阳、隔音等方面的优点，而且在舒适节能方面更为突出，提供了高层超高层建筑自然通风的可能，从而最大限度地满足使用者生理与心理上的要求。

敞开式外循环体系双层幕墙，在德国法兰克福的德国商业银行总行大厦、德国北莱因——威斯特法伦州鲁尔河畔埃森市的"RWE"工业集团总部大楼已被采用。

内通风与外通风双层幕墙的作用原理如图 2.6 所示。

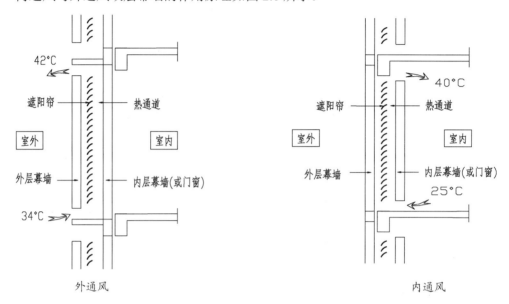

图 2.6　内通风与外通风双层幕墙作用原理

3）双层玻璃幕墙的特点

(1) 高效节能。

与基准幕墙和普通节能幕墙相比，双层幕墙是节能效果最理想的高效节能幕墙，经实践证明，北京地区双层玻璃幕墙的节能效果对比如表 2.3 所示。

表 2.3　双层幕墙节能效果对比

序　号	幕墙类型	传热系数 K /(W/m²·K)	遮阳系数 SC	围护结构平均热流量/(W/m²)	围护结构节能百分比/%	备　注
1	基准幕墙	6	0.7	336.46	0	非隔热型材 非镀膜单层玻璃
2	节能幕墙	2.0	0.35	166.99	50.4	隔热型材 镀膜中空玻璃
3	双层幕墙	<1.0	0.2	101.16	69.9(39.5)	

注：计算以北京地区夏季为例，建筑体形系数取 0.3，窗墙面积比取 0.7，外墙(包括非透明幕墙)传热系数取 0.6 W/(m²·K)，室内温度取 26℃，夏季垂直面太阳辐射照度取 690 W/m²，室外风速取 1.9 m/s，内表面换热系数取 8.3 W/m²。

(2) 环境舒适。

与单层幕墙和普通节能幕墙相比，双层幕墙能创设良好的热环境和通风环境，提供舒适的办公环境，如图 2.7 所示。

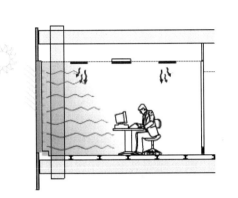
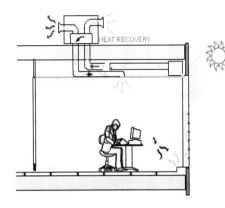

(a) 单层幕墙办公环境   (b) 智能型呼吸式幕墙办公环境

图 2.7 单层幕墙与双层幕墙办公环境

(3) 采光合理。

进入室内的光线角度和强弱，直接影响到人的舒适感。双层玻璃幕墙可以根据人的需要，只要轻轻一按开关，遮阳百叶便可按照人的意愿或收起或任意位置放下或叶片倾斜，让光线均匀进入室内，实现光线的变化，大大改善室内光环境。

(4) 隔声降噪。

双层幕墙特制的内外双层构造、缓冲区和内层全密封方式，使其隔声性能比传统幕墙高一倍以上(内层玻璃幕墙开窗时 45 dB，关窗时 67 dB)。能为营造舒适、宁静的生活环境创造条件。

(5) 安全性好。

下雨时，双层幕墙可通风，雨不会进入室内，可保证物品安全，通风时风速柔和，东西不会被风卷走。双层幕墙令物品不易坠落，而且两道玻璃幕墙有利于防盗。

(6) 双层玻璃幕墙的缺点。

目前，有些双层幕墙由于设计不当会造成夏季室内过热，缺乏对有害气体的净化能力；同时，双层幕墙也使立面造价增加 1.5～2 倍，立面清洁维护费用增高。

4) 双层幕墙的工作原理

(1) 冬季保温工作原理。

进入冬季，关闭呼吸幕墙的出气口，使缓冲区形成温室。白天太阳照射使温室内空气蓄热，温度升高，使内层幕墙的外片玻璃温度升高，从而降低内层幕墙内外的温差。有效阻止室内热量向外扩散。夜间室外温度降低，由缓冲区内蓄热空气向外层幕墙补充热量，而室内热量不会轻易散失，因而无论白天和夜晚，均可实现保温功能。

(2) 夏季隔热工作原理。

进入夏季，打开出气口，利用空气流动热压原理和烟囱效应，使双层玻璃幕墙由进气口吸入空气进入缓冲区，在缓冲区内气体受热，产生由下向上的热运动，由出气口把"双层"玻璃幕墙内的热气排到外面，从而降低内层幕墙的温度，起到隔热作用。

5) 双层幕墙节能技术

(1) 双层幕墙的热适应性。

双层玻璃幕墙在四个朝向均有较好的热工性能(双层间遮阳的双层幕墙相对于采取内遮阳的单层幕墙)，西向尤为显著。但前提条件是保证双层玻璃幕墙的空腔间层有较好的通风状况。经测试，南向实验室内温差 6～7℃，北向实验室内温差为 4～5℃，而西向实验室内温差竟达 17℃之多。传统的单层玻璃幕墙的维护结构为一层玻璃，由于玻璃的通透性，夏季阳光直射到室内，直接产生温室效应，造成室内过热。而双层玻璃幕墙不同于传统的单层幕墙，它由内外两道幕墙组成。双层空腔间层若是处于空气流动的可控制状态，室内外热量在此空间内流动、交换，实现室外气候和室内小环境的过滤器和缓冲层作用。不难理解，在高温的夏季，持续烘烤的西向比其他方向更能体现这种过滤缓冲效应带来的差异。

因而，具有合适遮阳位置和通风模式的双层玻璃幕墙比传统的单层玻璃幕墙具有更佳的热工性能。在夏热冬冷地区，双层玻璃幕墙会直接降低空调的使用时间，不仅节约了能源，又有利于保护生态环境。

(2) 双层幕墙的遮阳性能。

遮阳状况的有无和好坏，是影响双层幕墙室内热环境的关键因素。而其中遮阳的位置是双层幕墙的设计重点之一，不同的位置将对其功效产生不同影响。在有通风的前提条件下，双层间遮阳的效果要比其他遮阳方式的效果好，不仅降低了室内空气温度，而且减少了遮阳构件所占用的建筑室内面积，实现了在节能的前提下保持建筑物表面光洁的设计初衷，没有做任何热防护的单层玻璃幕墙的隔热效能则最差。值得注意的是，在没有通风的情况下，双层间遮阳的双层玻璃的综合相对 U 值要高于外遮阳的单层玻璃，也就是说前者不能保证较好的通风时，其空腔间层的烟囱效应无法发挥作用，隔热效能反而不好。

因而，对双层幕墙而言，除了正确设计以外，正确使用也是十分重要的。采用双层间遮阳并配合恰当的通风方式是在夏季使用双层幕墙不可或缺的条件。

(3) 双层幕墙的通风性能。

通风状况的好坏，是影响双层幕墙空腔间层和室内热环境的基本因素。通过 A、B 两个双层幕墙房间进行试验，A 为通风双层幕墙，B 为不通风双层幕墙。由于通风的原因(A 房风速峰值达 0.37 m/s)，A 房空腔内二次辐射热较快地从出风口导出，B 房却因为风口关闭无法带走热量。结果显示 A 房空腔内温度比 B 房低 6℃左右。由此影响到内层玻璃外表面和内表面温度，A 房与 B 房内层玻璃外表面温度差为 4～5℃，而 A 房内表面的温度也始终比 B 房低，只是绝对数值差没有外表面的大。这又直接影响到室内温度。显然在夏季，有通风的双层幕墙比无通风的具有更佳的防热能力。

在夏天强烈的阳光辐射下，双层幕墙空腔换气层往往温度较高。若是进出风口的自然通风无法实现，反而急剧增加了制冷的负荷，这对于夏季炎热地区是致命的缺点。所以，在夏季保证双层幕墙空腔间层良好的通风条件，是发挥双层幕墙优越性的关键所在。

(4) 双层幕墙的节能效果。

双层幕墙在夏季具有良好的节能效应。在有通风的条件下，双层间有遮阳的双层玻璃和内遮阳的单层玻璃的能耗比较实验当中，双层玻璃室内温度在空调设定的工作温度 27℃上下波动，空调正常间歇时间为 30～45 分钟。然而，单层玻璃室内温度从 9:30—17:00 一直在空调工作温度以上，并于 13:30 出现峰值 32℃，空调持续工作。单层玻璃其他时段内空调的间歇时间也比双层玻璃要短一些。24 小时能耗比较，无论双层玻璃空腔间层有无通风，双层玻璃比单层玻璃都要节能 14%。即便单层玻璃采取外遮阳的方式，双层玻璃幕墙也要节能 5.9%。

能耗对比试验所采用的单层玻璃幕墙是把其中一个双层玻璃幕墙实验房外层的玻璃拿掉后形成的，其内层由一半复合铝板和一半 8mm 白玻组合成外皮。而真正意义上的传统单层玻璃幕墙是整片大玻璃覆盖立面，比实验站使用的单层玻璃幕墙多出一半的直接接受热辐射的面积，室内外换热量多出一半，因此能耗也要增加将近一半。因此，实际上双层幕墙比单层幕墙要更节能。

6. 光电幕墙(屋顶)节能技术

人类对太阳能的利用很早就开始了，最早可追溯到 20 世纪二三十年代。在六七十年代，太阳能光伏电池已经在实际使用中获得了不错的效果，但由于当时的光伏组件转换率不高，同时价格昂贵，所以没有得到大面积地推广。

人类真正大规模应用太阳能进行光伏发电，还是 21 世纪初，在以德国为首的欧美国家大力倡导和扶持下，太阳能热潮席卷全球，促成太阳能光伏产业的快速发展。光电幕墙可就地发电、就地使用，减少电力输送过程的费用和能耗、省去输电费用；自发自用，有削峰的作用，带储能可以用作备用电源；分散发电，避免传输和分电损失(5%～10%)，降低输电和分电投资及维修成本；使建筑物的外观更有魅力。

1) 光电幕墙(屋顶)的概念

光电幕墙(屋顶)是将传统幕墙(屋顶)与光生伏打效应(光电原理)相结合的一种新型建筑幕墙(屋顶)。主要是利用太阳能来发电的一种新型的绿色能源技术。

2) 光电电池基本原理

光电幕墙(屋顶)的基本单元为光电板，而光电板是由若干个光电电池(又名太阳能电池)进行串、并联组合而成的电池阵列，把光电板安装在建筑幕墙(屋顶)相应的结构上就组成了光电幕墙(屋顶)。

(1) 光电现象。

1983 年，法国物理学家 A.E 贝克威尔观察到光照在浸入电解液的锌电板时产生了电流，将锌板换成带铜的氧化物半导体，其效果更为明显。1954 年美国科学家发现从石英提取出来的硅板，在光的照射下能产生电流，并且硅越纯，作用越强，并利用此原理做了光电板，称为硅晶光电电池。

(2) 硅晶光电电池分类。

硅晶光电电池可分为单晶硅电池、多晶硅电池和非硅晶电池。

- 单晶硅光电电池表面规则稳定，通常呈黑色，效率为 14%～17%。
- 多晶硅光电电池结构清晰，通常呈蓝色，效率为 12%～14%。
- 非硅晶光电电池透明、不透明或半透明，透过 12%的光时，颜色为灰色，效率为 5%～7%。

(3) 光电板的基本结构。

光电板上层一般为 4mm 白色玻璃，中层为光伏电池组成光伏电池阵列，下层为 4mm 的玻璃，其颜色可任意，上下两层和中层之间一般用铸膜树脂(EVA)热固而成，光电电池阵列被夹在高度透明、经加固处理的玻璃中，在背面是接线盒和导线。模板尺寸为 500mm×500mm～2100mm×3500mm。从接线盒中穿出导线一般有两种构造：第一种是从接线盒穿出的导线在施工现场直接与电源插头相连，这种结构比较适合于表面不通透的建筑物，因为仅外片玻璃是透明的；第二种是导线从装置的边缘穿出，那样导线就隐藏在框架之间，这种结构比较适合于透明的外立面，从室内可以看见此装置。

(4) 光电幕墙的基本结构。

光电模板安装在建筑幕墙(屋顶)的结构上则组成光电幕墙，一般情况下，建筑幕墙的立柱和横梁都是采用断热铝型材，除了要满足 JGJ 102 规范和 JG 3035 标准要求之外，刚度一般高一些为好，同时，光电模板要便于更换。

3) 光电幕墙设计

(1) 光电幕墙(屋顶)产生电能的计算公式如下：

$$PS=H \times A \times \eta \times K$$

式中：PS——光电幕墙(屋顶)每年生产的电能(兆焦/年) (MJ/a)。

H——光电幕墙(屋顶)所在地区，每平方米太阳能一年的总辐射(MJ/m^2·a)，可参照表 2.4 查取。

A——光电幕墙(屋顶)光电面积(m^2)。

η——光电电池效率，建议如下：单晶硅：η =12%；多晶硅：η =10%；非晶硅：η =8%。

K——参正系数。

$$K = K_1 \times K_2 \times K_3 \times K_4 \times K_5 \times K_6$$

各分项系数建议值如下。

K_1——光电电池长期运行性能参正系数，K_1=0.8。

K_2——灰尘引起光电板透明度的性能参正系数，K_2=0.9。

K_3——光电电池升温导致功率下降参正系数，K_3=0.9。

K_4——导电损耗参正系数，K_4=0.95。

K_5——逆变器效率，K_5 =0.85。

K_6——光电模板朝向修正系数，其数值可参考表 2.5 选取。

3600J=3600W/s=3.6kW/s=0.001 度

表2.4　我国太阳辐射资源带

资源带号	名　称	指　标
Ⅰ	资源丰富带	≥6700MJ/(m²·a)
Ⅱ	资源较丰富带	5400～6700MJ/(m²·a)
Ⅲ	资源一般带	4200～5400MJ/(m²·a)
Ⅳ	资源贫乏带	<4200MJ/(m²·a)

表2.5　光电板朝向与倾角的修正系数 K_6

幕墙方向	光电阵列与地平面的倾角			
	0°	30°	60°	90°
东	93%	90%	78%	55%
南-东	93%	96%	88%	66%
南	93%	100%	91%	68%
南-西	93%	96%	88%	66%
西	93%	90%	78%	55%

(2) 光电幕墙设计需注意以下问题。

◆ 光电幕墙设计必须考虑美观、耐用。

◆ 光电幕墙设计必须具备基本的建筑功能。

◆ 光电幕墙设计必须满足建筑设计规范(载荷、受力)。

◆ 太阳能光伏发电系统：作为电力系统，必须安全、稳定、可靠。

◆ 当地的气象因素是太阳能系统今后发挥效能的最重要影响因素。

在我国南方地区，阵列倾角可比当地纬度增加 10°～15°；在北方地区，阵列倾角可比当地纬度增加 5°～10°。

由于工程所在地的气象条件不同，包括不同的基本风压、雪压；安装的位置不同，如屋面、立面、雨篷等，都会使围护系统的受力结构不同。

◆ 结晶硅玻璃可以有任意尺寸，非晶硅(薄膜电池)光伏组件的规格不能随意进行切割，在进行分格时也必须充分考虑。

◆ 光伏幕墙走线可以在胶缝或型材腔内，也可以在明框幕墙的扣盖内，即可以走线于可隐蔽的空隙内。

◆ 光伏并网逆变系统(并网逆变器)和交、直流配电系统也是设计中要考虑的重要部分。

◆ 光伏发电对于建筑的要求，这里面有个方位角和倾角的问题，比如城市中央，建筑物林立，很容易造成遮挡，这样会使发电量减少。

4) 光电幕墙的安装与维护

(1) 安装地点要选择光照比较好，周围无高大物体遮挡太阳光照的地方，当安装面积较大的光电板时，安装地方要适当宽阔一些，避免碰损光电板。

(2) 通常光电板总是朝向赤道，在北半球其表面朝南，在南半球其表面朝北。

(3) 为了更好地利用太阳能，并使光电板全年接受太阳辐射量比较均匀，一般将其倾斜放置。

(4) 光电电池阵列表面与地平面的夹角称为阵列倾角。当阵列倾角不同时，各个月份光电板表面接受的太阳辐射量差别很大。有的资料认为：阵列倾角可以等于当地的纬度，但这样又往往会使夏季光电阵列发电过多而造成浪费，而冬天则由于光照不足而造成亏损。也有些资料认为：所取阵列倾角应使全年辐射量最弱的月份能得到最大的太阳辐射量，但这样又往往会使夏季削弱过多而导致全年得到的总辐射量偏小。在选择阵列倾角时，应综合考虑太阳辐射的连续性、均匀性和冬季极大性等因素。大体来说，在我国南方地区，阵列倾角可比当地纬度增加 $10°\sim15°$；在北方地区，阵列倾角可比当地纬度增加 $5°\sim10°$。

(5) 光电幕墙(屋顶)的导线布线要合理，防止因布线不合理而漏水、受潮、漏电，进而腐蚀光电电池，缩短其寿命；为了防止夏天温度较高影响光电电池的效率，提高光电板寿命，还应注意光电板的散热。

(6) 光电幕墙(屋顶)安装还应注意以下几点。

◆ 安装时最好用指南针确定方位，光电板前不能有高大建筑物或树木等遮蔽阳光。

◆ 仔细检查地脚螺钉是否结实可靠，所有螺钉、接线柱等均应拧紧，不能有松动。

◆ 光电幕墙和光电屋顶都应有效的防雷、防火装置和措施，必要时还要设置驱鸟装置。

◆ 安装时不要同时接触光电板的正负两极，以免短路烧坏或电击，必要时可用不透明材料覆盖后接线、安装。

◆ 安装光电板时，要轻拿轻放，严禁碰撞、敲击，以免损坏。注意组件、二极管、蓄电池、控制器等电器极性不要接反。

(7) 光电幕墙(屋顶)每年至少进行两次常规性检查，时间最好在春天和秋天。在检查的时候，首先检查各组件的透明外壳及框架，查看有无松动和损坏。可用软布、海绵和淡水对表面进行清洗除尘，最好在早晚清洗，避免在白天较热的时候用冷水冲洗。

除了定期维护之外，还要经常检查和清洗，遇到狂风、暴雨、冰雹、大雪等天气应及时采取防护措施，并在事后进行检查，只有检查合格后才可正常使用。

5) 光电幕墙经济效益

(1) 某市某工程南立面单晶硅光伏幕墙装机容量为 50kWP，年发电量如表 2.6 所示。

表 2.6 某工程南立面单晶硅光伏幕墙年发电量

水平面年辐照度/(MJ/m^2)	4421
当地纬度	32
光伏阵列倾角	90
光伏阵列容量/kWP	50
光伏系统损耗/%	35
直射辐照度/(MJ/m^2)	5213
阵列平面辐照度/(MJ/m^2)	2762
光伏系统年发电量/(kWh)	42998

续表

光伏系统日发电量/kWh	119
平均每天满功率小时数/h	2.35
每 kWh 电耗煤/g	390
年节省标准煤/T	10.6
年减排二氧化碳/T	27.6
年减排二氧化碳/万立方米	1.39
年减排二氧化硫/T	0.127
年减排氮氧化物/T/	0.212
年减排粉尘/T	0.132
年减排灰渣/T	2.80

(2) 薄膜光伏幕墙投入产出计算。

2009 年 3 月 23 日，财建[2009]129 号《太阳能光电建筑应用财政补助资金管理暂行办法》颁布，其中明确指出"2009 年补助标准原则上定为 20 元/WP"。

以装机容量为 50kWP 计算，国家的财政补助为 20×50000=100 万元人民币；

光伏幕墙每平方米的容量为 100WP，容量为 50kWP，需 50000÷100=500 平方米光伏幕墙，每平方米光伏幕墙 4000 元，光伏幕墙造价为 500×4000=200 万元人民币；

如此处安装常规幕墙的费用为 500×1000=50 万元人民币；

安装光电幕墙比安装普通幕墙前期多投入 200-100-50=50 万元人民币；

光伏幕墙年发电量价值 42998(度)×0.8=3.44 万元人民币。

光电幕墙(屋顶)在中国的大规模推广应用，除了需要有关研究开发机构及公司企业进一步努力之外，很重要的一个方面，还需要政府有关机构和部门进一步提高认识，对其重要性和迫切性进一步扩展其战略规划和发展计划，进一步制定有效的扶持政策和措施，进一步加强指导和引导，使光电幕墙、光电屋顶在不久能大规模合理应用，健康地发展。

2.3 建筑能源系统效率

【学习目标】

了解建筑能源系统效率的基本范围，掌握冷热电联供技术、空调蓄冷技术和能源回收技术等节能技术。

优秀的建筑能源系统包括冷热电联供技术、空调蓄冷技术和能源回收技术等。

1. 冷热电联供

冷、热、电三联供是指利用燃料燃烧产生的热量首先发电的同时，根据用户的需要，将发电后的余能用于制冷或制热，实现能量的梯级利用。发电后的余能一般指高温烟道气、各种工艺冷凝冷却热，其具体实现的途径有多种。

建筑冷热电联供，即通过能源的梯级利用，燃料通过热电联产装置发电后，变为低品位的热能用于采暖、生活供热等用途的供热，这一热量也可驱动吸收式制冷机，用于夏季的空调，从而形成热电冷三联供系统，如图 2.8 所示。

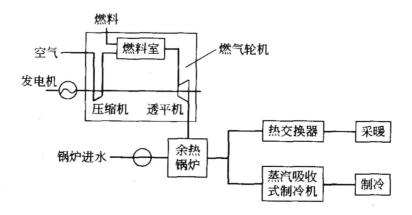

图 2.8　建筑冷热电联供示意图

1) 分布式冷热电联供

分布式能源是相对于传统集中式能源(如大型电厂)而言的，它一般满足两个特征：一是分布式能源是一个用户端或靠近用户端的能源利用；二是它是一个能源梯级利用或可再生能源综合利用的设施。因此分布式能源系统多以冷热电联供为主要形式，也就是以小规模、小容量、模块化、分散式的方式布置在用户附近，独立地输出冷、热、电能的系统(也被称为 CCHP，Combined Cooling, Heating & Power 的缩写)。通过对能源的梯级利用，总能效可达到 90%以上，实现了比分产系统更高的能源利用率。

分布式发电系统的核心设备是热电转换装置，在全球目前投入使用的天然气热电联产系统中，微型燃气轮机、燃气热气机及燃气内燃机是主要的几类热电转换装置。

分布式冷热电联供技术作为世界范围的能源革命性技术已渐渐被世界各国广泛接受和应用，它以高效、环保、低噪音和安全等特点受到越来越多的业主和建筑商的欢迎。

2) 分布式冷热电联供系统的优点

(1) 节能而产生的经济效益。分布式冷热电联供通过对能源的梯级利用，大大提高了能源的综合利用效率。对使用者而言，相对于分别向电网购买电力供电和购买燃料供热，有更高的经济效益。冷热电三联供总能效可达到 90%以上，同时综合节约能源费用超过 30%。

(2) 减少线路损耗。分布式能源系统由于是建在用户附近，大大减少了线路损耗，减少了大型管网和输配电的建设和运行费用。

(3) 提高供电安全性。分布式电源既能充当主要电源，也可作为后备电源，可有效避免意外事故造成供电中断，保证供电安全。

(4) 环保。由于分布式能源系统多采取天然气以及可再生能源等清洁能源为燃料，而动力设备本身也可达到较高的排放标准。因此，分布式能源系统较之常规的分产能源供应设施(如燃煤发电和燃煤供热锅炉)更能满足环保的要求。

3) 分布式冷热电联供系统的主要应用

由于分布式冷热电联供系统利用天然气可以达到很高的能量利用效率,所以在国外得到了迅速发展。从 1978 年最早在美国推广使用以来,目前在美国已有 6000 多座分布式能源站,仅大学校园就有 200 多个采用了分布式冷热电联供系统。

目前"西气东输"工程的实现为我国发展以天然气作为燃料的冷热电联供系统提供了非常好的条件,对于那些宾馆、饭店、高档写字楼、高级公寓、大型商场、学校、机关、医院等有稳定的冷热电负荷需求,对动力设备的环境特性要求较高,对电力品质及安全系数要求较高,同时电力供应不足的单位或地区有非常好的适用性。

案例:上海舒雅良子休闲中心的分布式供能系统是目前几个系统中运行经济性能最好的。该项目由于受到天然气供应的限制,所以供能系统主要选用两台 VOLVO 公司 HIW-210/168kW 柴油发电机,一备一用。发电机产生的 470℃高温排气用于余热锅炉产生 65℃热水,发动机冷却水和润滑油冷却水通过换热器置换出热水,二路热水均通过蓄热水箱供热。系统发电功率 150kW,供热水(65℃)3100kg/h,年运行约 4380 小时,总能源利用效率达 80.1%。

2. 空调蓄冷系统

空调蓄冷技术,即是在电力负荷很低的夜间用电低谷期,采用制冷机制冷,利用蓄冷介质的显热或潜热特性,用一定方式将冷量存储起来。在电力负荷较高的白天,也就是用电高峰期,把存储的冷量释放出来,以满足建筑物空调或生产工艺的需要。

常规电制冷中央空调系统分为两大部分:冷源和末端装置。冷源由制冷机组提供 6～8℃的冷水给末端装置,通过末端中的风机盘管、空调箱等空调设备降低房间温度,满足建筑物舒适空调要求。

采用蓄冷空调系统后,可以将原常规系统中设计运行 8 小时或 10 小时的制冷机组压缩容量 35%～45%,在电网后半夜低谷时段(低电价)开机,用制冷蓄冷模式将冷量储存在蓄冷设备中;而后在电网用电高峰(高电价)时段,制冷机组满足部分空调设备,其余部分用蓄冷设备融冰输出冷量来满足,从而达到"削峰填谷"、均衡用电及降低电力设备容量的目的。

3. 建筑能源回收技术

能源是国民经济的基础产业,也是公用事业,更是经济发展和提高人民生活水平的物质基础。人类社会的进步与能源的发展密切相关。高舒适性的空调系统不仅仅与空调系统的设计有关,它还与室内环境品质有关,包括与室内环境的声、光、热等诸多物理的,以及室内建筑装修、建筑材料、空气品质等的物理化学因素有关。

置换通风起源于北欧,1978 年德国柏林的一家铸造车间首先使用了置换通风装置。现在置换通风广泛应用于工业建筑、民用建筑和公共建筑,北欧的一些国家,50%的工业通风系统、25%的办公通风系统采用了置换通风系统。我国的一些工程也开始采用置换通风系统,并取得了令人满意的效果。

在夏季，将新风的热量转移到排风出口，将排风入口的冷量转移到新风出口，对新风进行降温、降湿，达到不增加室内新风的冷负荷的效果。

在冬季，将新风的冷量转移到排风出口，将排风入口的热量转移到新风出口，对新风进行加热、加湿，达到不增加室内新风的热负荷的效果。

2.4　可再生能源建筑应用技术

【学习目标】

了解可再生能源的基本概念，了解太阳能光热利用、太阳能光伏发电、被动式太阳房、太阳能采暖、太阳能空调、地源热泵技术、污水源热泵技术等节能技术。

可再生能源建筑应用技术主要包括太阳能光热利用、太阳能光伏发电、被动式太阳房、太阳能采暖、太阳能空调、地源热泵技术、污水源热泵技术等。

1. 太阳能热水系统

太阳能热水系统包括太阳能集热器、储水箱、循环泵、电控柜和管道，完全依靠太阳能为用户提供热水。太阳能热水系统按最冷月份和日照条件最差的季节进行设计，并考虑充分的热水蓄存，需设置较大的水箱，初期投资大、大多数季节产生过量的热水，造成不必要的浪费。

太阳辐照条件不能满足热水需求时，可以采用太阳能热水系统+辅助热源系统，使用辅助热源予以补充。辅助热源形式有：电加热、燃气加热、热泵热水装置。

其核心部件是太阳能集热器，包括平板型、真空管、聚焦型等多种形式。

(1) 平板型。太阳辐射穿过透明盖板后，投射在吸热板上，被吸热板吸收并转化成热能，然后传递给吸热板内的传热工质，使传热工质的温度升高，作为集热器的有用能量输出。

(2) 真空管。是将吸热体与透明盖层之间的空间抽成真空的太阳能集热器。采用了真空夹层，消除了气体的对流与传导热损，并应用选择性吸收涂层，使真空集热管的辐射热损降到最低。

(3) 聚焦型。通过采用不同的聚焦器，如槽式聚焦器和塔式聚焦器等，将太阳辐射聚集到较小的集热面上，可获得较高的集热温度。

2. 建筑一体化太阳能热水系统

建筑一体化太阳能热水系统从技术和美学两方面入手，使建筑设计与太阳能技术有机结合，将太阳能集热器与建筑整合设计并实现整体外观的和谐统一。

在建筑设计中，应注意两点：①将太阳能热水系统包含的所有内容作为建筑元素加以组合设计；②设置太阳能热水系统不应破坏建筑物的整体效果。

1) 建筑一体化太阳能热水系统设计

建筑一体化太阳能热水系统设计需考虑的问题如下。

(1) 考虑太阳能在建筑中的应用对建筑物的影响,包括建筑物的使用功能、围护结构特性、建筑体形和立面的改变。

(2) 考虑太阳能利用的系统的选择,注意太阳能产品与建筑形体的有机结合。太阳能部件不能作为孤立部件,而是利用太阳能部件取代某些建筑部件。

2) 建筑一体化太阳能热水系统的优点

建筑一体化太阳能热水系统的主要优点如下。

(1) 建筑的使用功能与太阳能集热器的利用有机结合在一起,形成多功能的建筑构件,巧妙高效地利用空间,使建筑向阳面或屋顶得以充分利用。

(2) 同步规划设计、同步施工安装,节省太阳能系统的安装成本和建筑成本,一次安装到位,避免后期施工对用户生活造成的不便以及对建筑已有结构的破坏。

(3) 综合使用材料,降低了总造价,减轻建筑荷载。

(4) 综合考虑建筑结构和太阳能设备的协调和谐、构造合理性,使太阳能系统和建筑融为一体,不影响建筑外观。

3. 太阳能光伏系统

太阳能光伏发电系统是利用太阳电池半导体材料的光伏效应,将太阳光辐射能直接转换为电能的一种新型发电系统。

1) 太阳能光伏发电系统的类型

太阳能光伏发电系统有独立运行和并网运行两种方式。

独立运行的光伏发电系统需要有蓄电池作为储能装置,主要用于无电网的边远地区和人口分散地区,整个系统造价很高。

在有公共电网的地区,光伏发电系统与电网连接并网运行,省去了蓄电池,不仅可以大幅度降低造价,而且具有更高的发电效率和更好的环保性能。

太阳能光伏组件是将光能转换成电力的器件。能产生光伏效应的材料有许多种,例如,单晶硅、多晶硅、非晶硅、砷化镓、硒铟铜等。它们的发电原理基本相同,都是将光子能量转换成电能。

2) 建筑一体化光伏(BIPV)系统

建筑一体化光伏系统是应用光伏发电的一种新概念,是太阳能光伏与建筑的完美结合。

建筑设计中,在建筑结构外表面铺设光伏组件提供电能,将太阳能发电系统与屋顶、天窗、幕墙等建筑融为一体,其优点如下。

(1) 可以利用闲置的屋顶或阳台,不必单独占用土地。

(2) 不必配备蓄电池等储能装置,节省了系统投资,避免了维护和更新蓄电池的麻烦。

(3) 由于不受蓄电池容量的限制,可以最大限度地发挥太阳能电池的发电能力。

(4) 分散就地供电,不需要长距离输送电力输配电设备,避免线路损失。

(5) 使用方便、维护简单,降低了成本。

(6) 夏天用电高峰时正好是太阳辐射强度最大的时候,光伏发电量也最大,起到对电网的调峰作用。

3) 建筑一体化光伏设计原则

(1) 美观性。安装方式和安装角度与建筑整体密切配合，保证建筑整体的风格统一和美观。

(2) 高效性。为了增加光伏阵列的输出能量，应让光伏组件接受太阳辐射的时间尽可能长，避免周围建筑对光伏组件的遮挡，并且要避免光伏组件之间的相互遮光。

(3) 经济性。光伏组件与建筑围护结构相结合，取代常规建材；从光伏组件到接线箱到逆变器到并网交流配电柜的电力电缆尽可能地短。

4) 建筑一体化光伏系统与建筑相结合的形式

(1) 光伏系统与建筑相结合。将一般的光伏方阵安装在建筑物的屋顶或阳台上，通常其逆变控制器输出端与公共电网并联，共同为建筑物供电，这是光伏系统与建筑相结合的初级形式。

(2) 光伏组件与建筑相结合。光伏组件与建筑材料融为一体，采用特殊的材料和工艺手段，将光伏组件做成屋顶、外墙、窗户等形式，可以直接作为建筑材料使用，既能发电，又可作为建材，进一步降低了成本。但这样做必须要满足建材性能的要求，例如，隔热、绝缘、抗风、防雨、透光、美观、强度大、刚度大。

4. 被动式太阳能建筑

被动式太阳能建筑是指利用建筑本身作为集热装置，依靠建筑朝向和周围环境的合理布置，通过内部空间和外部形体的巧妙处理，对建筑材料和结构、构造的恰当选择，以自然热交换的方式(传导、对流和辐射)实现对太阳能的收集、储藏、分配和控制，使建筑达到采暖和降温目的的建筑。

1) 被动式太阳能建筑能量的集取与保持

(1) 建筑朝向的选择与被动式太阳房的外形。

设计合理的被动式太阳房，采暖季节，南向房屋受到更多的直射阳光；在夏季，直射阳光最少。充分利用南向窗、墙获得太阳能达到被动式采暖效果。受场地限制，朝向不合理的被动式太阳能建筑，可设计天窗、通风天窗、通风顶、南向锯齿形屋面、太阳能烟囱，实现自然通风和自然采光。

太阳房外形对保温隔热的影响：①应对阳光不产生自身的遮挡；②体形系数越小，通过表面散失出去的热量越少。

太阳房最佳形态：沿东西向伸展的矩形平面，立面简单，避免凹凸。

(2) 设置热量保护区。

为了充分利用冬季宝贵的太阳能，尽量加大南向日照面积，缩小东、西、北立面面积。

为了保护北向生活用房的温度，常把车库、储藏室、卫生间、厨房等辅助房间附在北面，称为缓冲隔离空间，从而减少北墙散热，这些房间称为太阳房的保护区。

2) 被动式太阳能采暖技术

被动式太阳能采暖技术的三大要素为：集热、蓄热和保温。重质墙(混凝土、石块等)良好的蓄热性能可以抑制夜间或阴雨天室温的波动。按太阳能利用的方式进行分类，被动式太阳能采暖技术的形式主要有以下几种。

(1) 直接受益式。这是被动式采暖技术中最简单的一种形式，也是最接近普通房屋的形式。

在冬季，太阳光通过大玻璃窗直接照射到室内的地面、墙壁和家具上，大部分太阳辐射能被其吸收并转换成热量，从而使它们的温度升高；少部分太阳辐射能被反射到室内的其他表面，再次进行太阳辐射能的吸收、反射过程。温度升高后的地面、墙壁和家具，一部分热量以对流和辐射的方式加热室内的空气，以达到采暖的目的；另一部分热量则储存在地板和墙体内，到夜间再逐渐释放出来，使室内继续保持一定的温度。

为了减小房间全天的室温波动，墙体应采用具有较好蓄热性能的重质材料，例如，石块、混凝土、土坯等。另外，窗户应具有较好的密封性能，并配备保温窗帘。

直接受益式太阳房窗墙比的合理选择至关重要。加大窗墙比，一方面会使房间的太阳辐射能增加，另一方面也增加了室内外的热量交换。

《民用建筑节能设计标准》(采暖居住建筑部分)中规定，窗户面积不宜过大，南向不宜超过 0.35。以满足室内通过采暖装置维持较高的室温状态的要求。当主要依靠太阳能采暖，室温相对较低(约 14℃)时，加大南向窗墙比到 0.5 左右可获得更好的室内热状态。

(2) 集热蓄热墙式(特朗勃(Trombe)墙)。 Trombe 墙是当今生态建筑中普遍采用的一项先进技术，被誉为"会呼吸的皮肤"，是以法国设计师菲利克斯·特朗勃(Felixtrombe)命名的被动式太阳能在建筑中的利用。它是朝南方向的蓄热墙，在墙外有一个玻璃墙，两者之间有约 25.4 毫米距离的蓄热墙，厚为 200~400 毫米。当太阳光穿透玻璃，玻璃与墙之间的空气被加热而产生对流，夏日可将热气流释放出去，冬天可引入室内，同时墙内蓄热也向室内辐射。

(3) 附加阳光间式。附加阳光间实际上就是在房屋主体南面附加的一个玻璃温室。该集热蓄热墙将附加阳光间与房屋主体隔开，墙上一般开设有门、窗或通风口，太阳光通过附加阳光间的玻璃后，投射在房屋主体的集热蓄热墙上。由于温室效应的作用，附加阳光间内的温度总是比室外温度高。

附加阳光间不仅可以给房屋主体提供更多的热量，而且可以作为一个缓冲区，减少房屋主体的热损失。

冬季的白天，当附加阳光间内的温度高于相邻房屋主体的温度时，通过开门、开窗或打开通风口，将附加阳光间内的热量通过对流的方式传入相邻的房间，其余时间则关闭门、窗或通风口。

(4) 组合式。集合以上两种或两种以上的优点而设计的采暖方式。

5. 太阳能供暖技术

1) 太阳能供暖系统

晴天状态下，当太阳能循环控制系统检测到太阳能集热板热水温度超过高温储热水箱内 5℃时，启动循环水泵进行循环，把太阳能集热板收集的热量带入高温蓄热水箱，通过紫铜盘管进行加热，并保温储存，以备使用。

2) 太阳能系统的优势

太阳能供暖系统有以下优点。

(1) 高效节能。最大效率地利用太阳能量可节约能源成本 40%～60% 以上，运行成本大大降低。

(2) 绿色环保。采用了太阳能洁净绿色能源，避免了矿物质燃料对环境的污染，可以为用户提供干净舒适的生活空间。

(3) 智能控制。系统采用了智能化控制技术，自行控制，最佳经济运行，可设置全天候供应热水，使用非常方便。

(4) 使用寿命高。集热管道采用铜管激光焊接，用聚氨酯发泡材料保温抗严寒，进口面板钢化处理，可抗击自然灾害，使用寿命 15 年以上。

(5) 建筑一体化。可安装在高层阳台、窗下等朝阳的墙面实现建筑一体化，尽享舒适生活。

(6) 能源互补。阴雨天气使用燃气壁挂炉通过太阳能换热器自动切换，无须人工调节。

(7) 应用广泛。可应用于高层及多层的住宅、独立别墅、中小型宾馆、洗浴中心、学校等供暖、洗浴场所。

3) 太阳能供暖系统的组成

平板太阳能集热器的基本工作原理十分简单。概括地说，阳光透过透明盖板照射到表面涂有吸收层的吸热体上，其中大部分太阳辐射能为吸收体所吸收，然后转变为热能，并传向流体通道中的工质。

这样，从集热器底部入口的冷工质，在流体通道中被太阳能所加热，温度逐渐升高，加热后的热工质，带着有用的热能从集热器的上端出口，蓄入贮水箱中待用，即为有用能量收益。

与此同时，由于吸热体温度升高，通过透明盖板和外壳向环境散失热量，构成平板太阳集热器的各种热损失。这就是集热器的基本工作过程。

平板太阳能集热系统组成包括太阳能集热器、储热水箱、连接管路、辅助热源、散热部件、控制系统等。

太阳能集热器常用平板型集热器。平板型集热器的工作过程是阳光透过玻璃盖板照射在表面有涂层的吸热板上，吸热板吸收太阳能辐射能量后温度升高。

6．太阳能制冷技术

1) 定义

太阳能制冷空调，就是将太阳能系统与制冷机组相结合，利用太阳能集热器产生的热量驱动制冷机制冷系统。

2) 基本概念

(1) 能效比(Energy Efficiency Ratio，EER)。在额定工况和规定条件下，空调进行制冷运行时实际制冷量与实际输入功率之比。

这是一个综合性的指标，用来评价机组的能耗，反映了单位输入功率在空调运行过程中转换成的制冷量。空调能效比越大，在制冷量相等时节省的电能就越多。

(2) 能源品位。包括高品位能源和低品位能源。

高品位能源是相对那些不易利用的、易造成浪费的能源而言的，例如，煤、石油、天然气、电力、机械功和液体燃料等属于高品位能源。

低品位能源是相对容易利用的、不易造成浪费的能源。例如，太阳能、地热能、风能、潮汐能、生物能、污水、热能等都属于低品位能源。

(3) 热泵。是以消耗一部分高品位能源(机械能、电能或高温热能)为补偿，使热能从低温热源向高温热源传递的装置。

3) 太阳能制冷技术原理

太阳能制冷技术实质是借助降低一定量的功的品位，提供品位较低而数量更多的能量。

根据不同的能量转换方式，太阳能驱动制冷主要有以下两种方式，一是先实现光—电转换，再以电力制冷；二是进行光—热转换，再以热能制冷。

(1) 电转换。电转换是利用光伏转换装置将太阳能转化成电能后，再用于驱动半导体制冷系统或常规压缩式制冷系统实现制冷的方法，即太阳能半导体制冷和光电压缩式制冷。这种制冷方式的前提是将太阳能转换为电能，其关键是光电转换技术，必须采用光电转换接收器，即光电池，它的工作原理是光伏效应。

① 太阳能半导体制冷。太阳能半导体制冷是利用太阳能电池产生的电能来供给半导体制冷装置，实现热能传递的特殊制冷方式。半导体制冷的理论基础是固体的热电效应，即当直流电通过两种不同导电材料构成的回路时，结点上将产生吸热或放热现象。如何改进材料的性能，寻找更为理想的材料，成为太阳能半导体制冷的重要问题。太阳能半导体制冷在国防、科研、医疗卫生等领域广泛地用作电子器件、仪表的冷却器，或用在低温测仪、器械中，或制作小型恒温器等。目前太阳能半导体制冷装置的效率还比较低，空调能效比 COP 一般为 0.2~0.3，远低于压缩式制冷。

② 光电压缩式制冷。光电压缩式制冷过程首先利用光伏转换装置将太阳能转化成电能，制冷的过程是常规压缩式制冷。光电压缩式制冷的优点是，可采用技术成熟且效率高的压缩式制冷技术即可以方便地获取冷量。光电压缩式制冷系统在日照好又缺少电力设施的一些国家和地区已得到应用，如非洲国家用于生活和药品冷藏。但其成本比常规制冷循环高 3~4 倍。随着光伏转换装置效率的提高和成本的降低，光电式太阳能制冷产品将有广阔的发展前景。

(2) 热转换。太阳能光热转换制冷，首先是将太阳能转换成热能，再利用热能作为外界补偿来实现制冷目的。光—热转换实现制冷主要从以下几个方向进行，即太阳能吸收式制冷、太阳能吸附式制冷、太阳能除湿制冷、太阳能蒸汽压缩式制冷和太阳能蒸汽喷射式制冷。其中太阳能吸收式制冷已经进入了应用阶段，而太阳能吸附式制冷还处在试验研究阶段。

① 太阳能吸收式制冷的研究。太阳能吸收式制冷的研究最接近于实用化，其最常规的配置是：采用集热器来收集太阳能，用来驱动单效、双效或双级吸收式制冷机，工质对主

要采用溴化锂-水，当太阳能不足时可采用燃油或燃煤锅炉来进行辅助加热。系统的主要构成与普通的吸收式制冷系统基本相同，唯一的区别就是在发生器处的热源是太阳能而不是通常的锅炉加热产生的高温蒸汽、热水或高温废气等热源。

② 太阳能吸附式制冷。太阳能吸附式制冷系统的制冷原理是利用吸附床中的固体吸附剂对制冷剂的周期性吸附、解吸附过程实现制冷循环。太阳能吸附式制冷系统主要由太阳能吸附集热器、冷凝器、储液器、蒸发器、阀门等组成。常用的吸附剂对制冷剂工质对有活性炭-甲醇、活性炭-氨、氯化钙-氨、硅胶-水、金属氢化物-氢等。太阳能吸附式制冷具有系统结构简单、无运动部件、噪声小、无须考虑腐蚀等优点，而且其造价和运行费用都比较低。

7．地源热泵技术

1) 定义

地源热泵是利用地球表面浅层水源(如地下水、河流和湖泊)和土壤源中吸收的太阳能和地热能，并采用热泵原理，既可供热又可制冷的高效节能空调系统。

地源热泵通过输入少量的高品位能源(如电能)，实现低温位热能向高温位转移。地能分别在冬季作为热泵供暖的热源和夏季空调的冷源，即在冬季，把地能中的热量"取"出来，提高温度后，供给室内采暖；夏季，把室内的热量取出来，释放到地下去。通常地源热泵消耗 1kW 的能量，用户可以得到 4kW 以上的热量或冷量。

2) 热泵机组装置

热泵机组装置主要由压缩机、冷凝器、蒸发器和膨胀阀四部分组成，通过让液态工质(制冷剂或冷媒)不断完成蒸发(吸取环境中的热量) →压缩→冷凝(放出热量)→节流→再蒸发的热力循环过程，从而将环境里的热量转移到水中。

(1) 压缩机。压缩机起着压缩和输送循环工质从低温低压处到高温高压处的作用，是热泵(制冷)系统的"心脏"。

(2) 蒸发器。蒸发器是输出冷量的设备，制冷剂在蒸发器里蒸发吸热，以吸收被冷却物体的热量，达到制冷的目的。

(3) 冷凝器。冷凝器是输出热量的设备，从蒸发器中吸收的热量连同压缩机消耗功所转化的热量在冷凝器中被冷却介质带走，达到制热的目的。

(4) 膨胀阀或节流阀。膨胀阀或节流阀对循环工质起到节流降压作用，并调节进入蒸发器的循环工质流量。

3) 地源热泵的可再生性

地源热泵是一种利用地球所储藏的太阳能资源作为冷热源，进行能量转换的供暖制冷空调系统，地源热泵是利用清洁的可再生能源的一种技术。

地表土壤和水体是一个巨大的太阳能集热器，收集了47%的太阳辐射能量，比人类每年利用的 500 倍还多(地下的水体是通过土壤间接地接受太阳辐射能量)。它又是一个巨大的动态能量平衡系统，地表的土壤和水体自然地保持能量接受和发散相对的平衡，地源热泵技术的成功使得利用储存于其中的近乎无限的太阳能或地能成为现实。

4) 地源热泵的局限性

(1) 对地下水体生物的破坏。

(2) 回灌问题。

(3) 冬夏季平衡问题。

8．污水源热泵技术

1) 污水源热泵的概念

污水源热泵是指从城市污水或工业污水等低品位热源中提取热量，转换成高品位清洁能源，向用户供冷或供热的热泵系统。

污水源热泵是利用城市污水量大、水质稳定、常年温度变化小等特点，以污水作为热源进行制冷、制热循环的一种空调装置。

2) 污水源热泵技术的特点

(1) 污水温度在 10～26℃、分布面广(城镇地下空间)。

(2) 污水源热泵采暖空调既节能又环保。

(3) 每吨污水可贡献 2kg 煤的热值，比传统燃煤少向大气排放二氧化碳 6kg。

(4) 全国污水量巨大(每年 720 亿吨)。

全面开发利用可为近 20%的建筑物采暖制冷，将成为城镇可再生、清洁能源采暖的重要方式。

3) 污水源热泵的优点

(1) 污水源热泵具有热量输出稳定、能效比高、换热效果好、机组结构紧凑等优点，是实现污水资源化的有效途径。

(2) 污水源热泵比燃煤锅炉环保，污染物的排放比空气源热泵减少 40%以上，比电供热减少 70%以上。它节省能源，比电锅炉加热节省 2/3 以上的电能，比燃煤锅炉节省 1/2 以上的燃料。污水源热泵的运行费用仅为普通中央空调的 50%～60%。

2.5　绿色建筑节能与能源评价标准

【学习目标】

掌握绿色住宅建筑节能评价标准和绿色公共建筑节能评价标准。

1．绿色住宅建筑节能评价标准

1) 控制项

(1) 住宅建筑热工设计和暖通空调设计符合国家批准或备案的居住建筑节能标准的规定。

(2) 当采用集中空调系统时，所选用的冷水机组或单元式空调机组的性能系数、能效比符合现行国家标准《公共建筑节能设计标准》(GB 50189)中的有关规定值。

(3) 采用集中采暖或集中空调系统的住宅，设置室温调节和热量计量设施。

2) 一般项

(1) 利用场地自然条件，合理设计建筑体形、朝向、楼距和窗墙面积比，使住宅获得良好的日照、通风和采光，并根据需要设遮阳设施。

(2) 选用效率高的用能设备和系统。集中采暖系统热水循环水泵的耗电输热比、集中空调系统风机单位风量耗功率和冷热水输送能效比符合现行国家标准《公共建筑节能设计标准》(GB 50189)的规定。

(3) 当采用集中空调系统时，所选用的冷水机组或单元式空调机组的性能系数、能效比比现行国家标准《公共建筑节能设计标准》(GB 50189)中的有关规定值高一个等级。

(4) 公共场所和部位的照明采用高效光源、高效灯具和低损耗镇流器等附件，并采取其他节能控制措施，在有自然采光的区域设定时或光电控制。

(5) 采用集中采暖或集中空调系统的住宅，设置能量回收系统(装置)。

(6) 根据当地气候和自然资源条件，充分利用太阳能、地热能等可再生能源。可再生能源的使用量占建筑总能耗的比例大于5%。

3) 优选项

(1) 采暖或空调能耗不高于国家批准或备案的建筑节能标准规定值的80%。

(2) 可再生能源的使用量占建筑总能耗的比例大于10%。

2. 绿色公共建筑节能评价标准

1) 控制项

(1) 围护结构热工性能指标符合国家批准或备案的公共建筑节能标准的规定。

(2) 空调采暖系统的冷热源机组能效比符合现行国家标准《公共建筑节能设计标准》(GB 50189—2005)的规定，锅炉热效率符合相关规定。

(3) 不采用电热锅炉、电热水器作为直接采暖和空气调节系统的热源。

(4) 各房间或场所的照明功率密度值不高于现行国家标准《建筑照明设计标准》(GB 50034)规定的现行值。

(5) 新建的公共建筑，冷热源、输配系统和照明等各部分能耗进行独立分项计量。

2) 一般项

(1) 建筑总平面设计有利于冬季日照并避开冬季主导风向，夏季利于自然通风。

(2) 建筑外窗可开启面积不小于外窗总面积的30%，建筑幕墙具有可开启部分或设有通风换气装置。

(3) 建筑外窗的气密性不低于现行国家标准《建筑外窗气密性能分级及其检测方法》(GB 7107)规定的4级要求。

(4) 合理采用蓄冷蓄热技术。

(5) 利用排风对新风进行预热或预冷处理，降低新风负荷。

(6) 全空气调节系统采取实现全新风运行或可调新风比的措施。

(7) 建筑物处于部分冷热负荷时和仅部分空间使用时，采取有效措施节约通风空调系统能耗。

(8) 采用节能设备与系统。通风空调系统风机的单位风量耗功率和冷热水系统的输送能效比符合现行国家标准《公共建筑节能设计标准》(GB 50189—2005)的规定。

(9) 选用余热或废热利用等方式提供建筑所需蒸气或生活热水。

(10) 改建和扩建的公共建筑，冷热源、输配系统和照明等各部分能耗进行独立分项计量。

3) 优选项

(1) 建筑设计总能耗低于国家批准或备案的节能标准规定值的 80%。

(2) 采用分布式热电冷联供技术，提高能源的综合利用率。

(3) 根据当地气候和自然资源条件，充分利用太阳能、地热能等可再生能源，可再生能源产生的热水量不低于建筑生活热水消耗量的 10%，或可再生能源发电量不低于建筑用电量的 2%。

(4) 各房间或场所的照明功率密度值不高于现行国家标准《建筑照明设计标准》(GB 50034)规定的目标值。

本 章 实 训

1. 实训内容

进行建筑节能工程的设计实训(指导教师选择一个真实的工程项目或学校实训场地，带领学生进行实训操作)，熟悉建筑节能工程的基本知识，从选材、构造、热工计算、节能综合分析全过程模拟训练，熟悉建筑节能工程技术要点和国家相应的规范要求。

2. 实训目的

通过课堂学习结合课下实训，达到熟练掌握建筑外墙、门窗和幕墙、屋面、地面等围护结构的节能技术和国家相应的规范要求。提高学生进行建筑节能工程技术应用的综合能力。

3. 实训要点

(1) 学生通过对建筑节能工程技术的运行与实训，加深对建筑节能工程国家标准的理解，掌握建筑节能工程设计和工艺要点，进一步加强对专业知识的理解。

(2) 分组制订计划并实施。培养学生团队协作的能力，学习建筑节能工程技术和经验。

4. 实训过程

1) 实训准备要求

(1) 做好实训前相关资料的查阅，熟悉建筑节能工程有关的规范要求。

(2) 准备实训所需的工具与材料。

2) 实训要点

(1) 实训前做好交底。

(2) 制订实训计划。

(3) 分小组进行，小组内部分工合作。

3) 实训操作步骤

(1) 按照地方建筑节能要求，选择建筑节能工程技术方案。

(2) 进行建筑节能方案设计，以及建筑热工计算。

(3) 进行建筑节能施工图设计。

(4) 做好实训记录和相关技术资料的整理。

(5) 进行小组互评和最终评定。

4) 教师指导点评和疑难解答

5) 实地观摩

6) 进行总结

5. 实训项目基本步骤表

步 骤	教师行为	学生行为
1	交代工作任务背景，引出实训项目	(1) 分好小组；
2	布置建筑节能工程实训应做的准备工作	(2) 准备实训工具、材料和场地
3	使学生明确建筑节能工程设计实训的步骤	
4	学生分组进行实训操作，教师巡回指导	完成建筑节能工程实训全过程
5	结束指导，点评实训成果	自我评价或小组评价
6	实训总结	小组总结并进行经验分享

6. 项目评估

项目：		指导老师：
项目技能	技能达标分项	备 注
建筑节能工程设计	1. 方案完善　　　　　得 0.5 分 2. 准备工作完善　　　得 0.5 分 3. 设计过程准确　　　得 1.5 分 4. 设计图纸合格　　　得 1.5 分 5. 分工合作合理　　　得 1 分	根据职业岗位所需和技能要求，学生可以补充完善达标项
自我评价	对照达标分项　　　得 3 分为达标 对照达标分项　　　得 4 分为良好 对照达标分项　　　得 5 分为优秀	客观评价

续表

项目技能	技能达标分项	备 注
评议	各小组间互相评价 取长补短，共同进步	提供优秀作品观摩学习

自我评价＿＿＿＿＿＿＿＿＿＿＿   个人签名＿＿＿＿＿＿＿＿

小组评价　达标率＿＿＿＿＿＿＿＿   组长签名＿＿＿＿＿＿＿＿

　　　　　良好率＿＿＿＿＿＿＿＿

　　　　　优秀率＿＿＿＿＿＿＿＿

　　　　　　　　　　　　　　　　　　　　　　年　　　月　　　日

本 章 总 结

　　建筑节能，在发达国家最初为减少建筑中能量的散失，普遍称为"提高建筑中的能源利用率"，在保证提高建筑舒适性的前提下，合理使用能源，不断提高能源利用效率。全面的建筑节能，就是建筑全寿命过程中每一个环节节能的总和。

　　建筑围护结构由包围空间或将室内与室外隔离开来的结构材料和表面装饰材料所构成，包括屋面、墙、门、窗和地面。围护结构需平衡通风、日照需求，提供适用于建筑所在地点气候特征的热湿保护。

　　优秀的建筑能源系统包括冷热电联产技术、空调蓄冷技术和能源回收技术等。

　　可再生能源建筑应用技术主要包括太阳能光热利用、太阳能光伏发电、被动式太阳房、太阳能采暖、太阳能空调、地源热泵技术、污水源热泵技术等。

　　绿色建筑节能与能源评价标准包括绿色住宅建筑节能评价标准和绿色公共建筑节能评价标准。

本 章 习 题

1. 什么是建筑节能？建筑节能具有哪些含义？

2. 什么是建筑节能检测？

3. 我国建筑节能存在哪些问题？

4. 墙体(材料)节能技术及设备有哪些？

5. 门窗节能技术及设备有哪些？

6. 屋面节能技术及设备有哪些？

7. 何谓冷热电联产技术？有哪些类型？

8. 何谓空调蓄冷技术？有哪些特点？

9. 何谓建筑能源回收技术？有何效果？

10. 何谓太阳能热水系统？有哪些形式？

11. 何谓太阳能光伏系统？有哪些类型？

12. 什么是被动式太阳能建筑？有什么形式？

13. 什么是地源热泵技术？热泵机组装置有哪些？

14. 什么是污水源热泵技术？有什么技术特点？

15. 绿色建筑节能评价标准包括哪些内容？

第 3 章　节地与室外环境

【内容提要】

本章以建筑节地为对象，主要讲述建筑物选址和节地措施、室外气候及城市微气候、节地与室外环境评价标准等内容。在实训环节提供建筑节地专项技术实训项目，作为本章的实践训练项目，以供学生训练。

【技能目标】

- 通过对建筑物选址、节地措施的学习，巩固已学的相关建筑节地的基本知识，掌握场地选址的基本要求、绿色建筑节地措施。

- 通过对室外气候及城市微气候的学习，要求学生掌握室外气候和城市微气候的概念、特点、成因、对建筑设计的影响等内容。

- 通过对绿色建筑节地与室外环境评价标准的学习，要求学生掌握绿色建筑节地的评价标准。

本章是为了全面训练学生对建筑节地与室外环境的掌握能力、检查学生对建筑节地与室外环境知识的理解和运用程度而设置的。

【项目导入】

在城镇化过程中，要通过合理布局，提高土地利用的集约和节约程度。重点是统筹城乡空间布局，实现城乡建设用地总量的合理发展、基本稳定、有效控制；加强村镇规划建设管理，制定各项配套措施和政策，鼓励、支持和引导农民相对集中建房，节约用地。

3.1 建筑物选址及节地措施

【学习目标】

了解建筑场地选址的基本要求，掌握绿色建筑节地措施。

1．场地选址

合理选择建设用地，避免建设用地周边环境对建设项目可能产生的不良影响，同时减少建设用地选址给周边环境造成的负面影响。

在满足国家和地方关于土地开发与规划选址相关的法律条文、标准、规程、规范的基础上，综合考虑土地资源、防灾减灾、环境污染、文物保护、现有设施利用等多方面因素，确定建设选址计划。体现可持续发展的原则，达到规划、建筑与环境的有机结合。

场地选址的基本要求如下。

(1) 所选的场址能推动城市建设和城市发展。

(2) 保证场址环境的安全可靠，确保对自然灾害有充分的抵御能力。

(3) 保护耕地、林地及生态湿地，合理利用土地资源。

(4) 充分发挥建设场址周围水系在提高环境景观品位、调节局地气候、营造动植物生存环境方面的作用。

(5) 尽量减少对场址及周边自然地貌、环境生态系统的改变。

(6) 避免将建筑建设在有污染的区域，保证场地的环境质量。

(7) 有效地利用建设用地内及周边的现有交通设施和市政基础设施，减少交通和市政基础设施建设投入。

2．绿色建筑节地措施

1) 节地措施

(1) 建造多层、高层建筑，提高建筑容积率。

公共建筑要适当提高建筑密度。居住建筑要在符合健康卫生和节能及采光标准的前提下合理确定建筑密度和容积率。

(2) 利用地下空间，增加城市容量，改善城市环境。

要深入开发利用城市地下空间，实现城市的集约用地。

(3) 旧区改造为绿色住区。

由于历史的种种原因，老居住区绿地普遍存在着"绿化面积少、布局不合理"的问题。可以拆除原有附属用房，拆房还绿，因地制宜，合理利用周边环境。对原有以水体为主的地形地貌加以改造后建公园、绿地等。

(4) 褐地开发。

褐地是指因含有或可能含有危害性物质、污染物或致污物而使得扩张、再开发或再利用变得复杂的不动产。包括因污染或可能受污染的废弃、闲置工业用地。利用褐地发展风能、太阳能及生物能等可再生能源工业项目是目前的发展重点之一。

(5) 开发节地建筑材料。

发展工业废料、建筑垃圾生产砌块等墙体材料，进一步减少黏土砖生产对耕地的占用和破坏。

2) 高层建筑与节地

高层建筑适地性与节地性研究对于我国城市建设、人口及土地资源利用、高层建筑的现在和未来、国民经济发展和人类生存环境有着一定的意义。相对于一般多层建筑，高层建筑有其自身的许多优势。

以下是超高层建筑节地实例。

(1) 巨构建筑——索勒瑞的构想。

1960 年，建筑师保罗·索勒瑞(Polo Soleri)将生态学(Ecology)和建筑学(Architecture)两词合并为 Arcology，创立了生态建筑学。生态建筑学所要研究的基本内容是在人与自然协调发展的原则下，运用生态学原理和方法，协调人、建筑与自然环境间的关系，寻求创造生态建筑环境的途径和设计方法。"生态型建筑"的概念则更为宽广，是泛指一切在生态设计理念指导下的建筑形态，它们或是运用生态建筑理论，或是利用相关技术，或是借用其他学科的理论与实践成果。从生态建筑到生态型建筑，是概念外延拓展的过程。生态型建筑就其本质来说也是一种建筑。为人类营造适宜的使用空间是其首要目的，其次才是以因利乘便或因势利导的方式去实现生态的目标。

巨构建筑事实上是一个城市原型，从外形上看是一个具有 1000m 高度的塔状建筑综合体，总占地面积约 1km²。城市的居住区布置在综合体的表层，公共建筑则集中在综合体的裙房。所有的城市功能紧密相连，以期把资源的消耗降到最低。巨构建筑还考虑了能源利用的效率以及新能源的开发，降低了对常规能源的依赖。

巨构建筑实例：

地段选择：洛杉矶和拉斯维加斯之间的莫吉夫沙漠。

工程概况：高约 1000m，周围环绕着两组集中式的名为室外会场的裙房，可提供1044 万平方米使用面积，可容纳 10 万永久居民。

比较：洛杉矶市区面积 33km²，约容纳了 100100 人，一座巨构建筑仅占用 1km² 的土地，也容纳了 10 万人。

(2) 福斯特等人的"千年塔"。

"千年塔"是由福斯特建筑事务所于 1989 年最早提出的，用以解决东京开发用地短缺和人口过剩问题。按计划，千年塔(Millennium Tower)将建在距东京湾两公里处的海岸边，有 170 层楼那么高，占地面积 1 平方公里，可用于商业和居住。千年塔可以容纳 6 万人，有一条高速地铁网，每次载客量为 160 人，保证当地居民正常出行。千年塔每隔 13 层都设有一个交通中转站，公交系统连接这些交通枢纽，乘客可在这些中转站上下车，再转乘电梯或移动人行道。千年塔的风力涡轮机和安装在上层的太阳能电池板可以为整栋建筑提供可持续能源，是目前提出的最环保的理想城市设计方案之一。

3.2 室外气候及城市微气候

【学习目标】

了解室外气候的基本概念、含义，掌握城市微气候的概念和成因。

1. 室外温度

1) 定义

室外温度是指室外距地面 1.5m 高，背阴处的空气温度。

2) 影响气温的主要因素

(1) 入射到地面的太阳辐射热量。

(2) 地面的覆盖面及地形。

(3) 大气的对流作用。

3) 气温有日变化和年变化

(1) 气温的日变化。一天中最高气温一般出现在下午 2～3 时，最低气温一般出现在凌晨 4～5 时，如图 3.1 所示。一天当中，气温的最高值和最低值之差称为气温的日较差。

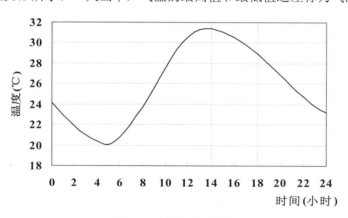

图 3.1 日气温变化图

(2) 气温的年变化。一年中，最热月与最冷月的平均气温差称为气温的年较差。影响气温年较差的因素有地理纬度、海陆分布等。向高纬度地区每移动 200～300 千米年平均温度会降低 1℃。气温年较差与纬度的关系如图 3.2 所示。

4) 气温与建筑物的关系

气温高的地方，往往墙壁较薄，房间也较大，反之则墙壁较厚，房间较小。曾有人通过调查西欧各地的墙壁厚度发现，英国南部、荷兰、比利时墙壁厚度平均为 23 厘米；德国西部、德国东部为 38 厘米；波兰、立陶宛为 50 厘米；俄罗斯则超过 63 厘米，也就是愈靠海，墙壁愈薄，反之墙壁愈厚。这是因为欧洲西部受强大的北大西洋暖流影响，冬季气温在 0℃以上，而愈往东则气温愈低，莫斯科最低气温达-42℃。我国西北阿勒泰地区冬季漫长严寒，这里房子外观看上去很大，可房间却很紧凑，原来这种房屋的墙壁厚达 83 厘米，有的人家还在墙壁里填满干畜粪，长期慢燃，用以取暖。我国北

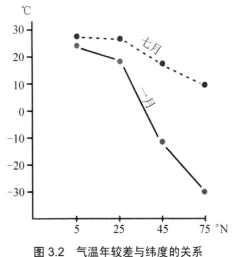

图 3.2　气温年较差与纬度的关系

方农村住宅一般都有火炕、地炉或火墙，北方城市冬季多用燃煤供暖。近年来大多已改用暖气管道或热水管道采暖。

有些地方为了抵御寒冷，将房子建成半地穴式，我国东北古代肃慎人就住这种房子，赫哲族人一直到新中国成立前还住着地窨子。一些气温高的地方，也选择了这种类型的地窨子，如我国吐鲁番地区几乎家家户户都有一间半地下室，是暑季用来纳凉的。据测量，在土墙厚度为 80 厘米的房屋内的温度如果为 38℃，那么半地下室里的温度只有 26℃左右。我国陕北窑洞兼有冬暖夏凉的功能，夏天由于窑洞深埋地下，泥土是热的不良导体，灼热阳光不能直接照射里面，洞外如果 38℃，洞里则只有 25℃，晚上还要盖棉被才能睡觉；冬天却又起到了保温御寒的作用，朝南的窗户又可以使阳光盈满室内。气温高的地方，往往将房屋隐于林木之中。据估计，夏天绿地比非绿地要低 4℃左右，在阳光照射下建筑物只能吸收 10%的热量，而树林却能吸收 50%的热量。我国云南省元阳县境内有一种特殊的房顶——水顶，平平的屋顶上又多了一汪水面，屋外阳光热辣，屋里却十分凉爽。

2. 湿空气及空气湿度

1) 湿空气

含有水蒸气的空气称为湿空气(在暖通空调应用中可视为理想气体混合物)。完全不含水蒸气的空气称为干空气。

2) 饱和湿空气和未饱和湿空气

干空气和饱和水蒸气组成的湿空气称为饱和湿空气。干空气和过热水蒸气组成的湿空气称为未饱和湿空气。

3) 露点

未饱和的湿空气内水蒸气的含量保持不变，即分压力 P_v 保持不变而温度逐渐降低直至饱和状态，这时的温度即为对应于 P_v 的饱和温度，称为露点。

4) 空气湿度

空气湿度指空气中水蒸气的含量。可用含湿量和相对湿度来表示。

(1) 含湿量。1kg 干空气所带有的水蒸气的质量为含湿量，常以 d 表示，单位 kg(水蒸气)/kg。

(2) 相对湿度(饱和度)。 湿空气中的水蒸气分压力 P_v，与同一温度、同样总压力的饱和湿空气中水蒸气分压力 P_s 的比值称为相对湿度，以 ϕ 表示。

(3) 湿度的日变化及影响因素。

相对湿度与气温变化反向，如图 3.3 所示。

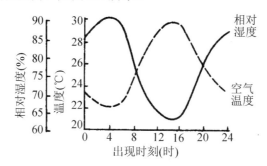

图 3.3　相对湿度与气温变化示意图

影响空气湿度因素包括地面性质、水体分布、季节、阴晴等。

空气湿度的年变化跟当地的气候条件相关。北京与广州的空气湿度年变化如图 3.4 所示。

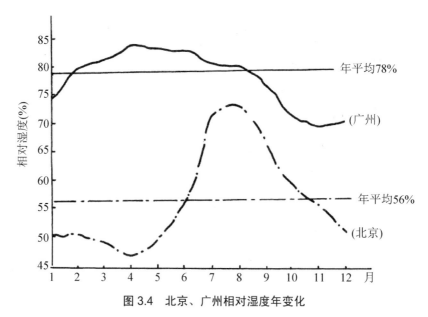

图 3.4　北京、广州相对湿度年变化

5) 空气湿度与建筑物的关系

在建筑物理中露点是一个非常重要的量。假如一座建筑内的温度不一样的话，那么从高温部分流入低温部分的潮湿空气中的水就可能凝结，导致某些地方可能会发霉，在建筑设计时必须考虑到这样的现象。此外，相对湿度是衡量建筑室内热环境的一个重要指标，建筑物理把人体的主观热感觉处于中性，风速不大于0.15m/s，相对湿度为50%时定为最舒适的热环境，这也是室内热环境设计的一个基准。

3. 风

1) 定义

风是指由于大气压差所引起的大气水平方向的运动。地表增温不同是引起大气压差的主要原因。

2) 风的分类

(1) 大气环流。赤道得到太阳辐射大于长波辐射散热，极地正相反。地表温度不同是大气环流的动因，风的流动促进了地球各地能量的平衡。

(2) 地方风。地方风由地方性地貌条件不同造成局部差异，以一昼夜为周期。如海陆风、山谷风、庭院风、巷道风等。

(3) 季风。季风由海陆间季节温差造成，冬季大陆吹向海洋，夏季海洋吹向大陆。形成季节差异，以年为周期。

3) 描述风的特征的两个要素

(1) 风向。通常，人们把风吹来的地平方向，确定为风的方向。

(2) 风速。指单位时间内风行进的距离，以m/s来表示。

在气象台上，一般以所测距地面10m高处的风向和风速作为当地的观察数据。

(3) 风向频率图(风玫瑰图)。风玫瑰图的绘制方法是将逐时所测得的各个方位的风向出现次数统计起来，然后计算出各个方位出现次数占总次数的百分比，再按一定的比例在各个方位的方位线上标出，最后，将各点连接起来，如图3.5所示。

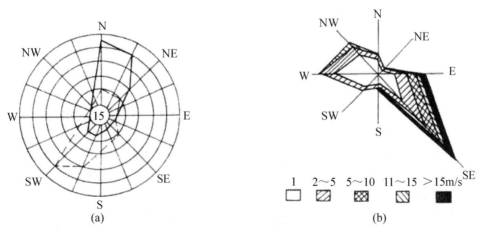

图3.5 风向频率图

4) 风与建筑物的关系

风也是影响建筑物风格的重要因素之一。防风是房屋的一大功能，有些地方还将防风作为头等大事，尤其是在台风肆虐的地区。日本太平洋沿岸的一些渔村，房屋建好后一般用渔网罩住或用大石块压住；我国台湾兰屿岛，距台风策源地近，台风强度大，破坏性极强，因此岛上居民雅美族人(高山族一支)创造性地营造了一种"地窖式"民居。房屋一般位于地面以下 1.5～2 米处，屋顶用茅草覆盖，条件好的用铁皮，仅高出地面 0.5 米左右，迎风坡缓，背风坡陡，室内配有火堂以弥补阴暗潮湿的缺点，还在地面上建凉亭备纳凉之用。我国冬季屡屡有寒潮侵袭(多西北风)，避风就是为了避寒，因此朝北的一面墙往往不开窗户，院落布局非常紧凑，门也开在东南角，如北京四合院。

风还会影响房屋朝向和街道走向。在山区和海滨地区，房屋多面向海风和山谷风。我国云南大理有句歌谣："大理有三宝，风吹不进屋是第一宝"。大理位于苍山洱海之间，夏季吹西南风，冬春季节吹西风即下关风。下关风风速大，平均为 4.2 米/秒，最大可达 10 级，因此这里的房屋坐西朝东，成为我国民居建筑中的一道独特风景。城市街道走向如果正对风向，风在街道上空受到挤压，风力加大，成为风口，因此街道走向最好与当地盛行风向之间有个夹角。在一些炎热潮湿的地方，通风降温成为房屋居住的主要问题，如西萨摩亚、瑙鲁、所罗门群岛等地区，房屋没有墙。现代住宅建筑比较讲究营造"穿堂风"，用来通风避暑。

4. 降水

1) 定义

从大地蒸发出来的水进入大气层，经过凝结后又降到地面上的液态或固态水分。

2) 降水性质

(1) 降水量。指降落到地面的雨、雪、雹等融化后，未经蒸发或渗漏流失而积累在水平面上的水层厚度，一般以 mm 表示。

(2) 降水时间。指一次降水过程从开始到结束的持续时间。用 h 或 min 来表示。

(3) 降水强度。指单位时间的降水量。

降水强度的等级以 24h 的降水总量(mm)来划分，如表 3.1、表 3.2 所示。

表 3.1　降雨强度等级划分

强度等级	小雨	中雨	大雨	暴雨
降水总量	小于 10mm	10～25mm	25～50mm	50～100mm

表 3.2　降雪强度等级划分

强度等级	小雪	中雪	大雪	暴雪
降水总量	小于 2.5mm	2.5～5.0mm	5.0～10.0mm	10.0mm 以上

3) 影响因素

影响降水量因素包括气温、大气环流、地形、海陆分布等。

4) 降水量的分布

我国降水量分布与地区有关，南湿北干，有很大差别。

5) 降水与建筑物的关系

降雨多和降雪量大的地区，房顶坡度普遍很大，以加快泄水和减少屋顶积雪。中欧和北欧山区的中世纪尖顶民居就是因为这里冬季降雪量大，为了减轻积雪的重量和压力所建。我国云南傣族、拉祜族、佤族、景颇族的竹楼，颇具特色。这里属热带季风气候，炎热潮湿，竹楼多采用歇山式屋顶，坡度陡，达 45°～50°；下部架空以利通风隔潮，室内设有火塘以驱风湿。这种高架式建筑在柬埔寨的金边湖周围、越南湄公河三角洲等地亦有分布。我国东南沿海厦门、汕头一带以及台湾的骑楼，往往从二楼起向街心方向延伸到人行道上，既利于行人避雨，又能遮阳。湘、桂、黔交界地区侗族的风雨桥、廊桥亦是如此。降雨少的地区，屋面一般较平，建筑材料也不是很讲究，屋面极少用瓦，有些地方甚至无顶，如撒哈拉地区。我国西北有些地方气候干旱，降水很少，屋面平缓，一般只是在椽子上铺上织就的芦席、稻草或苞谷秆，上抹一层泥浆，再铺一层干土，最后用麦秸拌泥抹平就行了。宁夏虽然也用瓦，但却只有仰瓦而无复瓦。这类房屋的防雨功能较差。如秘鲁首都利马气候炎热干燥，房屋多为土质，屋顶用草甚至用纸箱覆盖，城市亦没有完善的排水设施，1925年 3 月因厄尔尼诺现象影响突降暴雨，结果洪水中土墙酥软，房屋倒塌，道路冲毁。

降水多的地方，植被繁盛，建筑材料多为竹木；降水少的地方，植被稀疏，建筑多用土石；降雪量大的地方，雪甚至也是建筑材料，如爱斯基摩人的雪屋。我国东北鄂伦春人冬季外出狩猎时也常挖雪屋作为临时休息场所。

5. 城市微气候

1) 城市微气候的概念

城市微气候指在建筑物周围地面上及屋面、墙面、窗台等特定地点，所形成的风、阳光、辐射、气温与湿度等气候条件。

2) 城市微气候的特点

(1) 城市风场与远郊不同，风向改变、平均风速低于远郊来流风速。

(2) 气温较高形成热岛现象。

(3) 城市中的云量、特别是低云量比郊区多，大气透明度低、太阳总辐射照度比郊区低。

3) 城市热岛效应

城市热岛效应是指城市气温高于郊区的现象。热岛强度以城市中心平均气温与郊区的平均气温之差来表示，如图 3.6 所示。

城市热岛的成因包括以下几项。

(1) 自然条件。

(2) 市内风速。

(3) 对天空长波辐射，建筑布局影响对天空角系数和风场。

(4) 云量，市区内云量大于郊区。

(5) 太阳辐射，市内大气透明度低。

(6) 下垫面的吸收和反射特性、蓄热特性。

(7) 人为影响，人为热。

(8) 交通、家用电器、炊事产热。

(9) 空调采暖产热、工业。

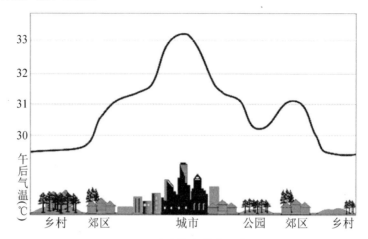

图 3.6　城市热岛效应示意图

4) 城市风场

城市和建筑群内的风场对城市微气候和建筑群局部小气候有显著的影响。风洞效应是指风在建筑群内产生的局部高速流动。建筑群内的风场形成取决于建筑的布局，规划不当产生的风场问题有下列五点。

(1) 冬季住区内的高速风场增加建筑物的冷风渗透，导致采暖负荷增加。

(2) 由于建筑物的遮挡，造成夏季建筑的自然通风不良。

(3) 建筑区内的风速太低，导致建筑群内气体污染物无法有效排出。

(4) 建筑群内出现旋风区域，容易积聚落叶、废纸、塑料袋等废弃物。

(5) 室外局部的高风速影响行人的活动，并影响热舒适。

5) 日照与建筑间距的关系

室内光照能杀死细菌或抑制细菌生长，满足人体生理需要，改善居室微小气候。北半球中纬度地区，冬季室内只要有 3 个小时光照，就可以杀死大部分细菌。无光照的环境人体内会产生一种激素——褪黑素。太阳光中的可见光对建筑的自然采光和居住者的心理影响具有重大意义。不同使用性质的建筑物对日照的要求不同，需要争取较多日照的建筑物有病房、幼儿园、农业用的日光室等。

从采光方面考虑，房屋建筑需注重三个方面：①采光面积；②房间间距；③朝向。气温高的地方，往往窗户较小或出檐深远以避免阳光直射。吐鲁番地区的房屋窗户很小，既可以避免灼热的阳光，又可以防止风沙侵袭。傣族民居出檐深远，一个目的是避雨，正所谓"吐水疾而溜远"，另一个目的是遮阳。有些地方还在屋顶上做文章，如《田夷广纪》记载：我国西北一些地区"房屋覆以白垩"以反射烈日，降低室温。气温低的地方，窗户一般较大，以充分接收太阳辐射，但窗户往往是双层的，以避免寒气侵袭，如我国东北地区。宁夏的"房屋一面盖"也是为了充分利用太阳辐射。日本西海岸降雪量大，窗户被雪掩盖，因此常常还在屋顶上伸出一个个"脖子式"高窗，以弥补室内光照不足的状况。

房屋之间的间距是有讲究的，尤其是城市中住宅楼建设更要注意。楼间距至少应从满足底楼的光照考虑。光照也是影响房屋朝向的因素之一。北半球中高纬地区房屋多坐北朝南，南半球中高纬地区则多坐南朝北，赤道地区房屋朝向比较杂乱，这与太阳直射点的南北移动有关。

需要避免日照的建筑物有两类：一类是防止室内过热的建筑。另一类是避免眩光和防止起化学反应的建筑。

我们在进行日照设计时，常要满足最低日照标准，并根据最低日照标准确定住宅建筑间距。住宅建筑间距首先应以满足日照要求为基础，还要综合考虑其他方面，例如：采光、通风、消防等。决定住宅日照标准的主要因素包括所处的地理纬度及其气候特征；所处城市的规模大小及建筑布局。

(1) 住宅日照标准的目标。

冬天尽量多，但太阳高度角低易被遮挡。

夏天尽量少，但太阳高度角高不易被遮挡。

(2) 建筑布局与日照。

建筑的互遮挡，不同建筑物相互遮挡。

建筑的自遮挡，建筑物一部分被另一部分遮挡。

(3) 两种需要避免的情况。

终日日影，在一天当中都无日照的现象。

永久日影，指一年当中都没有日照的现象。

3.3 节地与室外环境评价标准

【学习目标】

掌握绿色住宅建筑节地评价标准和绿色公共建筑节地评价标准。

1. 绿色住宅建筑节地评价标准

1) 控制项

(1) 场地建设不破坏当地文物、自然水系、湿地、基本农田、森林和其他保护区。

(2) 建筑场地选址无洪涝灾害、泥石流及含氡土壤的威胁。建筑场地安全范围内无电磁辐射危害和火、爆、有毒物质等危险源。

(3) 人均居住用地指标：低层不高于 43 平方米、多层不高于 28 平方米、中高层不高于 24 平方米、高层不高于 15 平方米。

(4) 住区建筑布局保证室内外的日照环境、采光和通风的要求，满足现行国家标准《城市居住区规划设计规范》(GB 50180)中有关住宅建筑日照标准的要求。住宅日照标准应符合表 3.3 的规定。

表3.3 住宅日照标准

建筑气候区划	Ⅰ、Ⅱ、Ⅲ、Ⅶ气候区		Ⅳ气候区		V、Ⅵ气候区
	大城市	中小城市	大城市	中小城市	
日照标准日	大寒日		冬至日		
日照时数(h)	≥2	≥3	≥1		
有效日照时间带(h)	8~16		9~15		
日照时间计算起点	底层窗台面				

特定情况还应符合下列规定。

① 老年人居住建筑不应低于冬至日日照2小时的标准;

② 在原设计建筑外增加任何设施不应使相邻住宅原有日照标准降低;

③ 旧区改建的项目内新建住宅日照标准可酌情降低,但不应低于大寒日日照1小时的标准。

在低于北纬25°的地区,宜考虑视觉卫生要求。根据国外经验,当两幢住宅楼居住空间的水平视线距离不低于18m时即能基本满足要求。

(5) 种植适应当地气候和土壤条件的乡土植物,选用少维护、耐候性强、病虫害少、对人体无害的植物。

(6) 住区的绿地率不低于30%,人均公共绿地面积不低于1m²。

(7) 住区内部无排放超标的污染源。

(8) 施工过程中制定并实施保护环境的具体措施,控制由于施工引起的大气污染、土壤污染、噪声影响、水污染、光污染以及对场地周边区域的影响。

2) 一般项

(1) 住区公共服务设施按规划配建,合理采用综合建筑并与周边地区共享。

(2) 充分利用尚可使用的旧建筑。

(3) 住区环境噪声符合现行国家标准《城市区域环境噪声标准》(GB 3096)的规定。

(4) 住区室外日平均热岛强度不高于1.5℃。

(5) 住区风环境有利于冬季室外行走舒适及过渡季、夏季的自然通风。

近年来,再生风和二次风环境问题逐渐凸显。由于建筑单体设计和群体布局不当而导致行人举步维艰或强风卷刮物体撞碎玻璃等事例很多。研究结果表明,建筑物周围人行区距地1.5m高处风速$v<5m/s$是不影响人们正常室外活动的基本要求的。此外,通风不畅还会严重阻碍空气的流动,在某些区域形成无风区或涡旋区,这对于室外散热和污染物消散是非常不利的,应尽量避免。以冬季作为主要评价季节,是因为对多数城市而言,冬季风速约为5m/s的情况较多。

(6) 根据当地的气候条件和植物自然分布特点,栽植多种类型植物,乔、灌、草结合构成多层次的植物群落,每100m²绿地上不少于3株乔木。

(7) 选址和住区出入口的设置方便居民充分利用公共交通网络。住区出入口到达公共交通站点的步行距离不超过500m。

(8) 住区非机动车道路、地面停车场和其他硬质铺地采用透水地面，并利用园林绿化提供遮阳。室外透水地面面积比不小于优选项。

3) 优选项

(1) 合理开发利用地下空间。

(2) 合理选用废弃场地进行建设。对已被污染的废弃地，进行处理并达到有关标准。

2. 绿色公共建筑节地评价标准

1) 控制项

(1) 场地建设不破坏当地文物、自然水系、湿地、基本农田、森林和其他保护区。

(2) 建筑场地选址无洪灾、泥石流及含氡土壤的威胁，建筑场地安全范围内无电磁辐射危害和火、爆、有毒物质等危险源。

(3) 不对周边建筑物带来光污染，不影响周围居住建筑的日照要求。

(4) 场地内无排放超标的污染源。

(5) 施工过程中制定并实施保护环境的具体措施，控制由于施工引起的各种污染以及对场地周边区域的影响。

2) 一般项

(1) 场地环境噪声符合现行国家标准《城市区域环境噪声标准》(GB 3096)的规定。

(2) 建筑物周围人行区风速低于 5m/s，不影响室外活动的舒适性和建筑通风。

(3) 合理采用屋顶绿化、垂直绿化等方式。

(4) 绿化物种选择适宜当地气候和土壤条件的乡土植物，且采用包含乔木、灌木的复层绿化。

(5) 场地交通组织合理，到达公共交通站点的步行距离不超过 500m。

(6) 合理开发利用地下空间。

3) 优选项

(1) 合理选用废弃场地进行建设。对已被污染的废弃场地进行处理并达到有关标准。

(2) 充分利用尚可使用的旧建筑，并纳入规划项目。

(3) 室外透水地面面积比大于等于 40%。

本 章 实 训

1. 实训内容

进行建筑节地工程的设计实训(指导教师选择一个真实的工程项目或学校实训场地，带学生实训操作)，熟悉建筑节地工程的基本知识，从地形分析、场地设计等全过程模拟训练，熟悉建筑节地工程技术要点和国家相应的规范要求。

2. 实训目的

通过课堂学习结合课下实训达到熟练掌握建筑节地工程技术和国家相应规范的要求。提高学生进行建筑节地工程技术应用的综合能力。

3. 实训要点

(1) 培养学生通过对建筑节地工程技术的运行与实训，加深对建筑节地工程国家标准的理解，掌握建筑节地工程设计要点，进一步加强对专业知识的理解。

(2) 分组制订计划与实施。培养学生团队协作的能力，获取建筑节地工程技术和经验。

4. 实训过程

1) 实训准备要求

(1) 做好实训前相关资料查阅，熟悉建筑节地工程有关的规范要求。

(2) 准备实训所需的工具与材料。

2) 实训要点

(1) 实训前做好交底。

(2) 制订实训计划。

(3) 分小组进行，小组内部分工合作。

3) 实训操作步骤

(1) 按照建筑节地要求，选择建筑节地方案。

(2) 进行建筑节地方案设计。

(3) 进行建筑节能性能分析。

(4) 做好实训记录和相关技术资料整理。

(5) 进行小组互评和最终评定。

4) 教师指导点评和疑难解答

5) 实地观摩

6) 进行总结

5. 实训项目基本步骤表

步　骤	教师行为	学生行为
1	交代工作任务背景，引出实训项目	(1) 分好小组 (2) 准备实训工具、材料和场地
2	布置建筑节地工程实训应做的准备工作	
3	使学生明确建筑节地工程设计实训的步骤	
4	学生分组进行实训操作，教师巡回指导	完成建筑节地工程实训全过程
5	结束指导点评实训成果	自我评价或小组评价
6	实训总结	小组总结并进行经验分享

6. 项目评估

项目：　　　　　　　　　　　　　　　　　指导老师：		
项目技能	技能达标分项	备　注
建筑节地工程	1. 方案完善　　　　　　得 0.5 分 2. 准备工作完善　　　　得 0.5 分 3. 设计过程准确　　　　得 1.5 分 4. 设计图纸合格　　　　得 1.5 分 5. 分工合作合理　　　　得 1 分	根据职业岗位所需和技能要求，学生可以补充完善达标项
自我评价	对照达标分项　　得 3 分为达标 对照达标分项　　得 4 分为良好 对照达标分项　　得 5 分为优秀	客观评价
评议	各小组间互相评价 取长补短，共同进步	提供优秀作品观摩学习

自我评价＿＿＿＿＿＿＿＿＿＿　　　　　个人签名＿＿＿＿＿＿＿＿＿＿

小组评价　达标率＿＿＿＿＿＿＿　　　　组长签名＿＿＿＿＿＿＿＿＿＿

　　　　　良好率＿＿＿＿＿＿＿

　　　　　优秀率＿＿＿＿＿＿＿

　　　　　　　　　　　　　　　　　　　　　年　　　月　　　日

本 章 总 结

　　建筑节地，在城镇化过程中，要通过合理布局，提高土地利用的集约和节约程度。重点是统筹城乡空间布局，实现城乡建设用地总量的合理发展、基本稳定、有效控制、节约用地。

　　合理选择建设用地，避免建设用地周边环境对建设项目可能产生的不良影响，同时减少建设用地选址给周边环境造成的负面影响。

　　高层建筑适地性与节地性研究对于我国城市建设、人口及土地资源利用、高层建筑的现在和未来、国民经济发展和人类生存环境有着一定的意义。

　　城市微气候指在建筑物周围地面上及屋面、墙面、窗台等特定地点，所形成的风、阳光、辐射、气温与湿度等气候条件。

　　太阳光中的可见光对建筑的自然采光和居住者的心理影响具有重大意义。不同使用性质的建筑物对日照的要求不同，需要争取较多日照的建筑物有病房、幼儿园、农业用的日光室等。

　　绿色建筑节地与室外环境评价标准包括绿色住宅建筑节地评价标准和绿色公共建筑节地评价标准。

本 章 习 题

1. 场地选址有哪些基本要求?

2. 绿色建筑节地措施有哪些?

3. 高层建筑对节地的意义有哪些?

4. 何谓室外温度? 影响气温的主要因素有哪些?

5. 何谓空气湿度? 常用什么来表示?

6. 什么是风? 有什么类型?

7. 何谓降水? 有什么性质?

8. 何谓城市微气候? 有何特点?

9. 城市热岛的成因有哪些?

10. 绿色建筑节地评价标准包括哪些内容?

第4章 节水与水资源利用

【内容提要】

本章以建筑节水为对象，主要讲述水资源概论、绿色建筑节水技术、节水与水资源利用评价标准等内容，并在实训环节提供建筑节水专项技术实训项目作为本章的实践训练项目，以供学生训练。

【技能目标】

- 通过对水资源概论的学习，巩固已学的相关水资源的基本知识，了解我国目前水资源状况和节水的重要性。

- 通过对绿色建筑节水技术的学习，掌握合理用水规划、分质供排水子系统、中水子系统、雨水子系统、绿化景观用水子系统和节水器具设施、绿色管材等节水技术。

- 通过对绿色建筑节水与水资源利用评价标准的学习，掌握绿色建筑节水的评价标准。

本章是为了全面训练学生对节水与水资源利用的掌握能力、检查学生对节水与水资源利用知识的理解和运用程度而设置的。

【项目导入】

建筑业作为我国经济发展的支柱产业，正在飞速发展。随着人民生活质量的提高，人们对供水量和水质的要求正在不断提升。同时实施水的可持续利用和保护策略，使水资源不受破坏，并能进入良性的水质、水量再生循环，也已经成为政府和广大人民群众关注的焦点。这一切都给建筑给排水工程的设计提出了许多新的要求，而目前节水最关键的不是建筑节水技术是否提高了，而是人们有无节水意识和良好的用水习惯。当前我国日益严重的水资源短缺和水环境污染问题不仅困扰国计民生，并已经成为制约社会经济可持续发展的重要因素。节约用水已经成为我国的基本国策。

4.1　水资源概论

【学习目标】

了解水资源的基本概念、人类拥有的水资源概况以及我国的水资源现状等问题。

1. 水资源的定义

1894 年美国地质调查局内设立水资源管理处，水资源作为官方用语第一次出现。水资源的定义有四五十种之多，一般认为水资源是在现有的技术、经济条件下能够获取的，并可作为人类生产资料和生活资料的水的天然资源。

地球上的水资源，从广义上来说是指水圈内水量的总体。包括经人类控制并直接可供灌溉、发电、给水、航运、养殖等用途的地表水和地下水，以及江河、湖泊、井、泉、潮汐、港湾和养殖水域等。从狭义上来说是指逐年可以恢复和更新的淡水量。水资源是发展国民经济不可缺少的重要自然资源。在世界的许多地方，对水的需求已经超过水资源所能负荷的程度，同时有许多地区也濒临水资源利用不平衡。

2. 人类拥有的水资源

在地球上，人类可直接或间接利用的水是自然资源的一个重要组成部分。天然水资源包括河川径流、地下水、积雪和冰川、湖泊水、沼泽水、海水。按水质划分为淡水和咸水。随着科学技术的发展，被人类所利用的水增多，例如海水淡化，人工催化降水，南极大陆冰的利用等。由于气候条件变化，各种水资源的时空分布不均，天然水资源量不等于可利用水量，人们往往采用修筑水库的办法来调蓄水源，或采用回收和处理的办法利用工业和生活污水，扩大水资源的利用范围。与其他自然资源不同，水资源是可再生的资源，可以多次重复使用；并出现年内和年际量的变化，具有一定的周期和规律；储存形式和运动过程受自然地理因素和人类活动影响。

目前，人类利用的淡水资源，主要是河流水、湖泊水和浅层地下水，仅占全球淡水资源的 0.3%。因此，地球上可供人类利用的水资源是有限的，如表 4.1 所示。

表 4.1　地球上可供人类利用的水资源

地球上的水		占全球水量百分比	占淡水总量百分比
海水		97%	
淡水	冰川、深层地下水	2.5%	98%
	河流水、湖泊水和浅层地下水		0.3%

3. 我国的水资源现状

1) 水资源总量多，人均占有量少

我国人均水资源量约为 2200m³，约为世界平均水平的四分之一。由于各地区处于不同的水文带及受季风气候影响，降水在时间和空间分布上极不均衡，水资源与土地、矿产资源分布和工农业用水结构不相适应。水污染严重，水质型缺水更加重了水资源的短缺问题。

与世界各国相比，我国水资源总量少于巴西、俄罗斯、加拿大、美国和印度尼西亚，位于世界第 6 位；若按人均水资源计算，则仅为平均水平的 1/4，排名在第 110 位之后。

在中国 600 多个城市中，有 400 多个城市存在供水不足问题，其中比较严重的缺水城市有 110 个。

水资源供需矛盾突出。全国正常年份缺水量约 400 亿 m³，水危机严重制约我国经济社会的发展。由于水资源短缺，部分地区工业与城市生活、农业生产及生态环境争水矛盾突出。部分地区江河断流，地下水位持续下降，生态环境日益恶化。近年来城市缺水形势严峻，缺水性质从以工程型缺水为主向资源型缺水和水质型缺水为主转变。

2) 水资源时空分布不均匀

(1) 从空间分布看，南多北少。

从空间分布看，我国水资源南丰北缺。特别是华北、西北缺水最为严重。华北人口众多，工农业发达，用水量大，水土资源匹配不合理。西北深居内陆，距海遥远，降水少，气候干旱。

(2) 从时间分布看，夏季多，冬季少。

从时间分布看，季节分配不均匀，夏秋多，冬春少。

3) 水资源利用率低，浪费惊人，水污染严重

2014 年监测显示，七大水系总体为轻度污染，与去年同期相比水质无明显变化，主要污染物指标为高锰酸盐指数、五日生化需氧量和氨氮。

重点城市饮用水源地总体水质一般，达标水量比例为 69.3%，同比降低 5 个百分点，总体水质略有下降。66 个城市饮用水源地水质达标率为 100%。但是，北海、长沙、秦皇岛、苏州、包头、抚顺、泸州、攀枝花、无锡等 11 个城市水源地水质达标率低。

我国每日耗水量世界第一，污水排放量世界第一。

节约用水、高效用水是缓解水资源供需矛盾的根本途径。节约用水的核心是提高用水效率和效益。目前我国万元工业增加值取水量是发达国家的 5～10 倍，我国灌溉水利用率仅为 40%～45%，距世界先进水平还有较大差距，节水潜力很大。

4.2 绿色建筑节水技术

【学习目标】

掌握合理用水规划、分质供排水子系统、中水子系统、雨水子系统、绿化景观用水子系统和节水器具设施、绿色管材等节水技术。

根据不同建筑的特点，绿色建筑可选用制订合理用水规划、分质供排水子系统、中水子系统、雨水子系统、绿化景观用水子系统和节水器具设施、绿色管材等节水技术。

1. 制订合理用水规划

住宅区内有室内给水排水系统、室外给水排水系统、雨水系统、景观水体、绿地和道路用水等。规划时，应结合所在区域总体水资源和水环境规划，按照高质高用，低质低用原则，除利用市政供水外，充分利用其他水资源(雨水、生活污水)，按照相关标准处理后回收再利用。供水设施应采用智能化管理，统一调度管理。包括远程控制系统和故障自动报警系统等。

1) 小区用水分类

小区用水包括生活用水、市政用水、消防用水等。生活用水是指小区居民日常生活用水(如饮用，烹调、洗涤、淋浴、冲厕)。市政用水是指街道浇洒，绿化用水，车辆冲洗等用水。消防用水是指扑灭火灾时的用水。

2) 小区供水水源

(1) 市政供水。

供水水源的水质，达到饮用水卫生标准，可作为水源直接用于小区的生活用水。如果不符合饮用水卫生标准，采用饮用水深度净化等技术措施进行处理。采用的技术措施应符合生活饮用水水质卫生规范和《卫生部涉及饮用水卫生安全产品检验规定》。采用市政供水小区的水质保障技术，按建筑给水排水设计规范中关于水质和防止水质污染的有关规定执行。

(2) 地下水和地表水。

根据水质的情况，采取必要的处理措施，提供给用户符合生活饮用水水质标准的饮用水。

(3) 生活杂用水。

采用小区污废水作为生活杂用水水源，水质应符合中华人民共和国国家标准中关于相应的杂用水的水质标准。

3) 规划设计时需考虑的问题

(1) 水量平衡问题。

水量平衡旨在确定小区每日以下指标：所需供应的自来水量、生活污水排放量、中水系统规模及回用目标、景观水体补水量、水质保证措施及补水来源等。

计算出小区节水率及污水回用率，找出各水系统之间相互依赖的关系，在考虑污水和雨水回用的同时，根据市政提供的水平进行合理安排。

(2) 节水率和回用率的指标问题。

节水率=(安装节水器前的用水量-安装节水器后的用水量)/ 安装节水器前的用水量

计算节水率的前提条件是安装节水器前后的用水方式相同、用水效果相同。绿色建筑小区节水率不低于 20%。回用率、中水和雨水的使用量达到小区用水量的 30%。

(3) 技术经济性问题。

既要对常规的市政用水不同方案进行比较，又要对生活污水和雨水不同回用目的和工艺方案进行全面经济评价。

对水系统和处理工艺进行下面的评价。

a. 是否适合当地情况。

b. 是否节能降耗。

c. 是否操作方便。

d. 是否运行安全可靠。

e. 是否投资低廉。

2. 分质供排水子系统

在日常生活中，用水目的不同，水质要求不同。在绿色建筑体系中，分质供排水是水环境系统供排水的原则。分质供排水分为分质供水系统和分质排水系统。

1) 分质供水系统

按不同水质供给不同用途的供水方式，绿色建筑小区设三套系统。

第一套(直饮水系统)：输送的是以城市自来水为水源，并进行过深度处理，再采取适当的灭菌消毒措施，使其各项卫生指标达到国家《饮用净水水质标准》要求的直饮水。

第二套(生活给水系统)：主要用于洗涤蔬菜瓜果、衣服及洗浴。

第三套(中水系统)：用来输送经小区中水设施净化处理的中水回用水，主要用于冲厕、浇洒、绿化、消防、车辆冲洗，其用水标准不低于国家《生活杂用水水质标准》。

2) 分质排水系统

分质排水系统是指按排水污染程度分网排放的排水方式。绿色建筑小区室内排水系统应该设两条不同管网。

(1) 排杂水管道。收集除粪便污水以外的各种排水，如淋浴排水、厨房排水等，输送至中水设施作为中水水源。

(2) 粪便污水管道。收集便器排水至小区化粪池处理后排入市政污水管道。

3) 直饮水子系统设计中注意的问题

(1) 水质标准。《绿色住宅小区建设要点与技术导则》规定：绿色住宅小区中的管道直饮水水质应该符合《饮用净水水质标准》。

(2) 用水标准。目前管道直饮水系统无规范可循。《全国民用建筑设计技术措施——给水排水》规定：用于饮用的用水标准为 2～3L/人·d；用于饮用和烹饪的用水标准为 3～6L/人·d。对于住宅小区，用水量标准建议取 3～5L/人·d，经济发达地区可适当提高到 7～8L/人·d，办公楼为 2～3L/人·d。

(3) 确定流量。国内在管道直饮水的室内管道设计方面还缺乏规范性公式。一般按照经验公式计算：$G=0.49N(q0.5)$ 确定流量后，为确保管道直饮水水质新鲜，进户直饮水水表至龙头之间管道、各路主管均应保证直饮水能够循环回流。

3. 中水子系统

民用建筑或建筑小区使用后的各种排水(包括冷却排水、沐浴排水、盥洗排水、洗衣排水、厨房排水等)经适当处理后回收用于建筑或建筑小区作为杂用(绿化、洗车、浇洒路面、冲厕所便器、洗拖布池)的供水系统。

1) 水源及选用原则

(1) 中水水源。城市生活污水处理厂的出水、相对洁净的工业排水、市政排水、建筑小区内的雨水、建筑物各种排水、天然水资源(江河湖海)、地下水。

(2) 选用原则。经技术经济分析比较，优先选择水量充足、水温适度、水质适宜、供水稳定、安全且居民易接受的水源。

(3) 原水量的确定。水源为建筑物各种排水时，原水量按照《建筑中水设计规范》规定的排水项目的给水量及占总水量的百分率计算，也可按住户排水器具的实际排水量和器具数计算。建筑物排水量可按用水量的 80%～90%计算，用作中水水源的水量宜为中水回用水量的 110%～115%。

2) 中水原水水质和中水水质标准

(1) 原水水质。以实测资料为准，如无资料，各类建筑的各种排水污染浓度可参照《建筑中水设计规范》。

(2) 中水水质。

用于冲厕以及室内外环境清洗：水质标准应符合《生活杂用水水质标准》。

用于蔬菜浇灌、洗车、空调系统冷却、采暖系统补水等：水质标准应该达到相应标准要求。

中水用作城市杂水，其水质应符合《城市污水再生利用城市杂用水水质》(GB/T 18920—2002)的规定。

中水用作景观环境用水，其水质应符合《城市污水再生利用景观环境用水水质》(GB/T 18921—2002)的规定。

用于多种用途时按最高要求水质标准执行。

3) 设计原则

中水系统由原水系统、处理系统和中水供水系统三部分组成。中水工程的设计应按系统工程考虑，做到统一规划、合理布局、相互制约和协调配合。实现建筑或建筑小区的使用功能、节水功能和环境功能的统一。

(1) 确定中水系统处理工艺。设计时根据小区原排水量、水质、中水用途、水源位置确定。

(2) 中水水源宜选用优质系排水。按以下顺序取舍：淋浴排水、盥洗排水、洗衣排水、厨房排水、厕所排水。

(3) 严禁中水进入生活饮用水系统。

4) 设计时注意的问题

(1) 中水系统应具有一定规模(5 万平方米以上小区应设有中水系统)，中水成本价不应大于自来水水价。

(2) 中水管道不得采用非镀锌钢管，宜采用承压复合管、塑料管等。

(3) 中水供水系统水力计算按照《建筑给水排水设计规范》中给水部分执行。

(4) 中水系统必须独立设置，严禁进入生活饮用水给水系统。

(5) 中水贮水池宜采用耐腐蚀、易清垢的材料制作。

(6) 中水供水系统应根据使用要求加装计量装置。

(7) 对中水处理站中构筑物采取防臭、减噪、减震措施。

(8) 中水管道外壁涂上浅绿色，水池、阀门、水表、给水栓应标有"中水"标志。

(9) 中水管道不加装龙头。

5) 中水处理工艺

中水处理流程由各种污水处理单元优化组合而成，通常包括三个部分。

(1) 预处理：格栅、调节池。

(2) 主处理：絮凝沉淀或气浮、生物处理、膜分离、土地处理等。

(3) 后处理：过滤(砂、活性炭)、消毒等。

其中，预处理、后处理在上述流程中一般基本相同。主处理工艺则需根据不同要求进行选择。

6) 安全防护和监(检)测控制

(1) 安全防护。

a. 中水管道严禁与生活饮用水给水管以任何方式直接连接。

b. 除卫生间外，中水管道不宜暗装于墙体内。

c. 中水池(箱)内的自来水补水管应采取自来水防污染措施。

d. 中水管道外壁应涂浅绿色标志。

e. 水池(箱)、阀门、水表及给水栓、取水口均应有明显的"中水"标志。

(2) 监(检)测控制。

a. 中水处理站的处理系统和供水系统宜采用自动控制，并应同时设置手动控制。

b. 中水处理系统应对使用对象要求的主要水质指标定期检测，对常用控制指标(水量、主要水位、pH 值、浊度、余氯等)实现现场监测，有条件的可实现在线监测。

c. 中水系统的自来水补水宜在中水池或供水箱处，采取最低报警水位控制的自动补给。

d. 中水处理站应对自耗用水、用电进行单独计量。

4. 雨水子系统

雨水是一种既不同于上水又不同于下水的水源，但弃除初期雨水后水质较好，而且它有轻污染、处理成本低廉、处理方法简单等优点，应给予特别对待，要物尽其用。在建筑物中，可以使用渗水性能好的材料，并设计贮水设备，用以收集和贮存雨水，并加以利用。例如，德国有一座生态办公楼，屋顶设了贮水设备，收集并贮存雨水。贮存的雨水被用来浇灌屋顶花园的花草，从草地渗出的水回流至贮水器，然后流到大楼的各个厕所，用于冲洗。

雨水收集利用的目标和系统类别见表 4.2。

表 4.2　雨水利用的目标和系统类别

系统种类	收集回用	入　渗	调蓄排放
目标	将发展区内的雨水径流量控制在开发前的水平，即拦截利用硬化面上的雨水径流增量		
技术原理	蓄存并消除硬化面上的雨水		贮存缓排硬化面上的雨水
作用	1. 减小外排雨峰流量 2. 减少外排雨水总量		减小外排雨峰流量
	替代部分自来水	补充土壤含水量	
适用的雨水	较洁净的雨水	非严重污染的雨水	各种雨水
雨水来源	屋面、水面、洁净地面	地面、屋面	地面、屋面、水面
技术适用条件	常年降雨量大于 400mm 的地区	1. 土壤渗透系数宜为(10～6m/s)～(10～3m/s) 2. 地下水位低于渗透面 1.0m 及以上	渗透和雨水回用难以实现的小区

雨水收集回用设施的构成及选用见表 4.3。

表 4.3　雨水收集回用设施的构成与选用

设施的构成	汇水面、收集系统、雨水弃流、雨水贮存、雨水处理、清洗池、雨水供水系统、雨水用户
应用要求	雨量充沛、汇水面雨水收集效率高(径流系数大)；雨水用量大，管网日均用水量不宜小于蓄水池贮存容积的 1/3
雨水回用用途	优先作为景观水体的补充水源，其次为绿化用水，循环冷却水，汽车冲洗用水、路面及地面冲洗用水、冲厕用水、消防用水等，不可用于生活饮用、游泳池补水等
雨水收集场所	优先收集屋面雨水，不宜收集机动车道路等污染严重的路面上的雨水。当景观水体以雨水为主要水源之一时，地面雨水可以排入景观水体

雨水子系统包括雨水直接利用和雨水间接利用。雨水直接利用是指将雨水收集后，经沉淀、过滤、消毒等处理工艺后，用于生活杂用水，如洗车、绿化、水景补水等，或将径

流引入小区中水处理站作为中水水源之一。雨水间接利用是指将雨水适当处理后回灌至地下水层，或将径流经土壤渗透净化后涵养地下水。常用的渗透设施：绿地、渗透地面、渗透管、沟、渠、渗透井等。

1) 雨水汇流介质及水质

(1) 屋面。雨水水质较好，径流量大，便于收集，利用价值高。但下雨初期水质差(COD 达到 500mg/L，夏季沥青油毡屋面雨水)。雨水水质与降雨强度、屋面材料、空气质量、气温、两次降雨间隔时间有关。

(2) 道路。地面径流雨水水质较差，道路初期雨水中 COD 通常高达 300～400mg/L。

(3) 绿地。绿地径流雨水主要以渗透的方式为主，雨水通过特殊装置收集，加大小区投资。

化学需氧量(COD)是在一定的条件下，采用一定的强氧化剂处理水样时，所消耗的氧化剂量。它是表示水中还原性物质多少的一个指标。水中的还原性物质有各种有机物、亚硝酸盐、硫化物、亚铁盐等。但主要的是有机物。化学需氧量又往往作为衡量水中有机物质含量多少的指标。化学需氧量越大，说明水体受有机物的污染越严重。

2) 屋面雨水收集及处理工艺

(1) 建筑物屋面雨水收集利用系统主要包括屋顶花园雨水利用系统和屋面雨水积蓄利用系统。

① 屋顶花园雨水利用系统。

屋顶花园雨水利用系统是削减城市暴雨径流量，控制非点源污染和美化城市的重要途径之一，也可作为雨水积蓄利用的预处理措施。为了确保屋顶花园不漏水和屋顶下水道通畅，可以考虑在屋顶花园的种植区和水体中增加一道防水和排水措施。屋顶材料中，关键是植物和上层土壤的选择，植物应根据当地气候条件来确定，还应与土壤类型、厚度相匹配。上层土壤应选择空隙率高、密度小、耐冲刷、可供植物生长的洁净天然的人工材料。屋顶花园系统可使屋面径流系数减少到 0.3，有效地削减雨水流失量，可同时改善小区的生态环境。

② 屋面雨水积蓄利用系统。

屋面雨水积蓄利用系统以瓦质屋面和水泥混凝土屋面为主，以金属、黏土和混凝土材料为最佳屋顶材料，不能采用含铅材料。屋面雨水水质的可生化性较差，故不宜采用生化方法处理，宜采用物化方法。该系统由集雨区、输水系统、截污净化系统、储存系统以及配水系统等几部分组成，有时还设有渗透系统，并与贮水池溢流管相连，当集雨量较多或降雨频繁时，部分雨水可进行渗透。初期雨水由于含有较多的污染物应加以去除，排放量需根据小区当地的大气质量等因素通过采样试验确定。根据初期弃流后的屋面雨水水质的情况和试验结果，采用相关雨水处理流程，其出水水质可满足《生活杂用水水质标准》要求，主要作为小区内家庭、公共场所等非饮用水，例如：浇灌、冲刷、洗车等。

(2) 屋面雨水净化工艺。

雨水净化工艺应根据收集的雨水水质与用水水质标准及水量要求来确定。屋面雨水因可生化性差，一般宜采用物化处理，而不宜用人工生化处理。同时，应考虑雨水中 COD 以溶解性为主的特性及弃流后的雨水悬浮固体含量较低等特点。目前常用的工艺有以下几个。

① 弃流—微絮凝过滤工艺。因为雨水中 COD 主要为溶解性的，如果采用直接过滤方法，对雨水中的 COD、SS 和色度的去除效果很差。试验表明，当投加混凝剂后其去除效果可明显提高。混凝剂一般采用聚合氯化铝、硫酸铝、三氯化铁，但用聚合氯化铝混凝剂进行微絮凝过滤效果最好，聚合氯化铝投加浓度为 5 毫升。所以，将弃流后的雨水进行絮凝过滤处理工艺比直接过滤的效果要好。弃流后的中、后期雨水进入雨水贮存池(贮存池容积根据暴雨强度公式绘出不同历时的雨量曲线来确定)。池内雨水经泵提升至压力滤池，在泵的出水管道上投加混凝剂聚合氯化铝，然后进入压力滤池进行微絮凝接触过滤，最后经液氯消毒后进入清水池，作为生活杂用水。

② 弃流—生态渗透过滤工艺。该工艺是以绿地—人工混合土净化技术为主体的生态渗透过滤净化系统，将雨水通过人工混合土壤—绿地系统进行物理、物化、生化和植物吸收等多种作用使污染物得以去除。同时该设计根据企业生活区比厂区地形高的特点，并考虑将净化后雨水既可作为杂用水又可作为中水水源，所以将生活污水和生产废水处理构筑物以及雨水净化构筑物一起集中布置在厂区内。这样，经弃流后的生活区屋面雨水可因重力流入渗滤池。将渗滤池布置在雨水贮存池上，既减少了占地，又美化了环境。该工艺能耗低、易管理，是一种经济有效的雨水生态净化工艺。

③ 砂滤—膜滤处理工艺。该处理工艺主要采用粒状滤料和膜滤相结合的物理法，可增强处理雨水水质的适应能力，还能起到对膜滤的保护作用。该工艺处理效果稳定出水水质好，缺点是造价和处理成本较高。在非雨季时，膜处于停用状态会干燥失效，需用小流量水通过滤膜循环或拆除滤膜以化学药剂浸泡养护，从而增加了维护工作量。

上述三种雨水净化工艺都各有其优缺点。应根据雨水净化的有关资料和污水土地处理工艺的原理，选择合适的处理工艺。

5. 绿化、景观用水子系统

1) 绿化用水要求

(1) 禁止或限制使用市政供水用于浇灌，尽可能地使用收集的雨水、废水或经过小区处理的废水。

(2) 水中余氯的含量不低于 0.5mg/L，以清除臭味、黏膜及细菌。

(3) 水质应达到用于灌溉的水质标准。

(4) 采用喷灌时，SS(固体悬浮物)应小于 30mg/L，以防喷头堵塞。

2) 景观用水要求

(1) 根据小区地形特点，提出合理、美观的小区水景规划方案。

(2) 景观用水应设置循环系统，并应结合中水系统进行优化设计以保证水质。

(3) 建立水景工程的池水、流水、喷水、涌水等设施。

(4) 景观用水水质达到《再生水回用于景观水体的水质标准》和《景观娱乐用水水质标准》。

(5) 为保护水生动物、避免藻类繁殖，水体应保持清澈、无毒、无臭、不含致病菌。为此当再生污水用作景观用水时，需进行脱氯及去除营养物处理。

6. 节水器具、设施和绿色管材

1) 节水器具

优先选用《节水型生活用水器具标准》、《当前国家鼓励发展的节水设备》。

(1) 节水型水龙头。水龙头是应用范围最广、数量最多的一种盥洗洗涤用水器具，目前开发研制的节水型水龙头最大流量不大于 0.15L/s(水压 0.1MPa 和管径 15mm 以下)。根据用水场合不同，分别选用延时自动关闭式、水力式、光电感应式、电容感应式、停水自动关闭式、脚踏式、手压式、肘动式、陶瓷片防漏式等水嘴。这些节水型水龙头都有较好的节水效果。在日本各城市普遍推广节水阀(节水皮垫)，水龙头若配此种阀芯，安装后一般可节水 50%以上。

(2) 节水型便器。在家庭生活中，便器冲洗水量占全天用水量的 30%～40%，便器冲洗设备的节水是建筑节水的重点。除了利用中水作厕所冲洗水之外，目前已开发研制出许多种类的节水设备。美国研制的免冲洗(干燥型)小便器，采用高液体存水弯衬垫，无臭味，不用水，免除了用水和污水处理的费用，是一种有效的节水设备。还有一种带感应自动冲水设备的小便器，比一般设备日节水 13L。在瑞士及德国，公共卫生间的小便器几乎 100%采用了这种设备。还有各种节水型大便器，如双冲洗水量坐便器，这种坐便器每次冲洗水量为 9L，而小便冲洗为 4.5L，节水效果显著。我国大、中城市住宅中严禁采用一次冲洗水量在 9L 以上的坐便器。

(3) 淋浴器具。在生活用水中，淋浴用水约占总用水量的 20%～35%。淋浴时因调节水温和不需水擦拭身体的时间较长，若不及时调节水量会浪费很多水。因此，淋浴节水很重要。现在研制使用的节水型淋浴器包括带恒温装置的冷热水混合栓式淋浴器，按设定好的温度开启扳手，既可迅速调节温度，又可减少调水时间。带定量停止水栓的淋浴器，能自动预先调好需要的冷热水量，如用完已设定好的水量，即可自动停水，防止浪费冷水和热水。淋浴器喷头最大流量不大于 0.15L/s(水压 0.1MPa 和管径 15mm 以下)。改革传统淋浴喷头是改革淋浴器的方向之一。

(4) 节水型用水家用电器(洗衣机、洗碗机)。洗衣机是家庭用水的另一大器具，欧盟公布的洗衣用水标准为：清洗 1kg 衣物的用水不得超过 12L，而市场上绝大多数国产品牌的洗衣机用水量均大大超过了这一标准，以普通 5kg 洗衣机为例，大约需要 150～175L 水，一些所谓节水型洗衣机只不过是少设置了几个水位段，最低的水位段也在 17L 左右。青岛海尔公司是成功推出节水洗衣机的厂家，其生产的 XQG50-QY800 型洗衣机，每次洗衣只需 60L 水，达到了国际 A 级滚筒式洗衣机的用水量标准，其余的如超薄滚筒洗衣机 XQG50-ALS968TX 型及顶开式 XQG50-B628TX 型，也含有较高的节水技术，是适合家庭使用的节水型洗衣机。

2) 绿色管材

传统金属管材的致命弱点：易生锈、易腐蚀、易渗漏、易结垢。镀锌钢管被腐蚀后滋生各种微生物，污染自来水，一些发达国家已经立法禁止使用镀锌钢管作为饮用水输送管。

节水的前提是防止渗漏。漏损的最主要途径是管道，自来水管道漏损率一般都在 10% 左右。为了减少管道漏损，在管道铺设时要采用质量好的管材，并采用橡胶圈柔性接口。另外，还应增强日常的管道检漏工作。瑞士乔治费谢尔公司研制开发的聚丁烯(PB)管在建筑上的全面应用引起了人们的广泛关注。首先在材料上选用了化工产品中的尖端产品——聚丁烯(PB)，具有耐高温、无渗漏、低噪音、保障卫生的优点，这是世界上最先进的给水管材。连接方法有热熔、电熔和带 O 型的挤压式等，使其能够完美地连接在一起，而且极利于施工安装。这种管材已在西欧、北美等国家得到广泛使用，节水效果显著。

绿色管材五大特性：安全可靠、经济、卫生、节能、可持续发展。

我国绿色管材主要有：聚乙烯管(PE)、聚丙烯管(PT)、聚丁烯管(PB)、铝塑复合管(PAP)，主要用于室内小口径建筑给水、辐射采暖等。

7. 合理利用市政管网余压

合理利用市政管网的压力，直接供水，不仅可以减少投资、减少污染，还可以避免大量能源、水资源的浪费。具体做法为：合理进行竖向分区，平衡用水点的水压；采用并联给水泵分区，尽量减少减压阀的设置；推荐减压作为节能节水的措施，减小用水点的出水压力；合理设置生活水池的位置，尽量减小设置深度，以减少水泵的提升高度；优先考虑水池—水泵—水箱的联合供水方式；分区给水优先采用管网叠压供水等节能的供水技术，避免供水压力过高或压力骤变。

8. 合理配置水表等计量装置

在适当的位置设置计量装置(如水表等)，可以增强人们的节水意识、避免漏水损失。在计量设备的设置中，应注意下列问题。

(1) 在建筑物的引入管、住宅单元入户管、景观和灌溉用水以及公共建筑需计量的水管上均应设置水表，这样不仅有利于进行水量平衡分析，还可以找出漏水隐患。

(2) 提高水表计量的准确性，一方面应选择正规厂家的合格产品，另一方面应选择与计量范围相适应的水表。

(3) 学生公寓、工矿企业的公共浴室的淋浴器应采用刷卡方法用水。

9. 合理设计热水供应系统

目前，大多数集中热水供应系统存在严重的浪费现象，主要体现在开启热水装置后，不能及时获得满足使用温度的热水，而是要放掉部分冷水之后才能正常使用。这种浪费现象是设计、施工、管理等多方面原因造成的。为了尽量减少这部分无效冷水的量，要对现有定时供应热水的无循环系统进行改造，增设回水管；对新建建筑的热水供应系统应根据建筑性质及建筑标准选用支管循环或干管循环。同一幢建筑的热水供应系统，选用不同的循环方式其无效冷水量是不相同的。就节水效果而言，支管循环方式最优，立管循环方式次之，循环方式浪费水量最大，干管循环方式次之。而对局部热水供应系统，在设计住宅厨房和卫生间时，除考虑建筑功能和建筑布局外，应尽量减少其热水管线的长度，并进行管道保温。除此之外，还应选择适宜的加热设备和贮热设备，在不同条件下满足用户对热水的水温、水量和水压要求，减少浪费。

此外，具备条件的，应当至少选择一种可再生能源(指风能、太阳能、水能、生物质能、地热能、海洋能等非化石能源)用于建筑物的热水供应，现在一些中小城市已普及推广太阳能热水导流设计。

10. 真空卫生排水节水系统

真空卫生排水节水技术即为了保证卫生洁具及下水道的冲洗效果，在排水工程中用空气代替大部分水，依靠真空负压产生的高速气、水混合物，快速将洁具内的污水、污物冲洗干净，达到节约用水、排走污浊空气的效果。一套完整的真空排水系统包括：带真空阀和特制吸水装置的洁具、密封管道、真空收集容器、真空泵、控制设备及管道等。真空泵在排水管道内产生 40～50kPa 的负压，将污水抽吸到收集容器内，再由污水泵将收集的污水排到市政下水道。在各类建筑中采用真空技术，平均节水超过 40%。若在办公楼中使用，节水率可超过 70%。

总之，要建立良好的绿色建筑水环境，必须合理地规划和建设小区水环境。提供安全、有效的供水系统及污水处理、回用系统，节约用水。建立完善的给水系统，供水水质符合卫生要求、水量稳定、水压可靠。建立完善的排水系统，确保排污通畅且不会污染环境。

当雨水和生活污水经处理后回用作为生活杂用水时，水质应达标。

4.3　节水与水资源利用评价标准

【学习目标】

掌握绿色住宅建筑节水评价标准和绿色公共建筑节水评价标准。

1. 绿色住宅节水建筑评价标准

1) 控制项

(1) 在规划阶段制订水系统规划方案，统筹、综合利用各种水资源。

(2) 采取有效措施避免管网漏损。

(3) 采用节水器具和设备，节水率不低于 8%。

(4) 景观用水不采用市政供水和自备地下水井供水。

(5) 使用非传统水源时，采取用水安全保障措施，且不对人体健康与周围环境产生不良影响。

2) 一般项

(1) 合理规划地表与屋面雨水径流途径，降低地表径流，采用多种渗透措施增加雨水渗透量。

(2) 绿化用水、洗车用水等非饮用水采用再生水、雨水等非传统水源。

(3) 绿化灌溉采用喷灌、微灌等高效节水灌溉方式。

(4) 非饮用水采用再生水时，优先利用附近集中再生水厂的再生水；附近没有集中再生水厂时，通过技术经济比较，合理选择其他再生水水源和处理技术。

(5) 降雨量大的缺水地区，通过技术经济比较，合理确定雨水集蓄及利用方案。

(6) 非传统水源利用率不低于 10%。

3) 优选项

非传统水源利用率不低于 30%。

2. 绿色公共建筑节水评价标准

1) 控制项

(1) 在规划阶段制订水系统规划方案，统筹、综合利用各种水资源。

(2) 设置合理、完善的供水排水系统。

(3) 采取有效措施避免管网漏损。

(4) 建筑内卫生器具合理选用节水器具。

(5) 使用非传统水源时，采取用水安全保障措施，且不对人体健康与周围环境产生不良影响。

2) 一般项

(1) 通过技术经济比较，合理确定雨水积蓄、处理及利用方案。

(2) 绿化、景观、洗车等用水采用非传统水源。

(3) 绿化灌溉采用喷灌、微灌等高效节水灌溉方式。

(4) 非饮用水采用再生水时，利用附近集中再生水厂的再生水，或通过技术经济比较，合理选择其他再生水水源和处理技术。

(5) 按用途设置用水计量水表。

(6) 办公楼、商场类建筑非传统水源利用率不低于 20%，旅馆类建筑非传统水源利用率不低于 15%。

3) 优选项

办公楼、商场类建筑非传统水源利用率不低于 40%，旅馆类建筑非传统水源利用率不低于 25%。

本 章 实 训

1. 实训内容

进行建筑节水工程的设计实训(指导教师选择一个真实的工程项目或学校实训场地，带学生实训操作)，熟悉建筑节水工程的基本知识，从节水设计、节水材料和设备、节水效果分析等全过程模拟训练，熟悉建筑节水工程技术要点和国家相应的规范要求。

2. 实训目的

通过课堂学习结合课下实训达到熟练掌握建筑节水工程技术和国家相应的规范。提高学生应用建筑节水工程技术的综合能力。

3. 实训要点

(1) 培养学生通过对建筑节水工程技术的运行与实训，加深对建筑节水工程国家标准的理解，掌握建筑节水工程的设计要点，进一步加强对专业知识的理解。

(2) 分组制订计划与实施。培养学生团队协作的能力，获取建筑节水工程技术和经验。

4. 实训过程

1) 实训准备要求

(1) 做好实训前相关资料查阅，熟悉建筑节水工程有关的规范要求。

(2) 准备实训所需的工具与材料。

2) 实训要点

(1) 实训前做好交底。

(2) 制订实训计划。

(3) 分小组进行，小组内部分工合作。

3) 实训操作步骤

(1) 按照建筑节水要求，选择建筑节水方案。

(2) 进行建筑节水方案设计。

(3) 进行建筑节水性能分析。

(4) 做好实训记录和相关技术资料整理。

(5) 进行小组互评和最终评定。

4) 教师指导点评和疑难解答

5) 实地观摩

6) 进行总结

5. 实训项目基本步骤表

步　骤	教师行为	学生行为
1	交代工作任务背景，引出实训项目	(1) 分好小组 (2) 准备实训工具、材料和场地
2	布置建筑节水工程实训应做的准备工作	
3	使学生明确建筑节水工程设计实训的步骤	
4	学生分组进行实训操作，教师巡回指导	完成建筑节水工程实训全过程
5	结束指导点评实训成果	自我评价或小组评价
6	实训总结	小组总结并进行经验分享

6. 项目评估

项目：　　　　　　　　　　　　　　　指导老师：		
项目技能	技能达标分项	备　注
建筑节水工程	1. 方案完善　　　　　　得 0.5 分 2. 准备工作完善　　　　得 0.5 分 3. 设计过程准确　　　　得 1.5 分 4. 设计图纸合格　　　　得 1.5 分 5. 分工合作合理　　　　得 1 分	根据职业岗位所需和技能要求，学生可以补充完善达标项
自我评价	对照达标分项　　　得 3 分为达标 对照达标分项　　　得 4 分为良好 对照达标分项　　　得 5 分为优秀	客观评价
评议	各小组间互相评价 取长补短，共同进步	提供优秀作品观摩学习

自我评价＿＿＿＿＿＿＿＿＿＿　　　　　　　个人签名＿＿＿＿＿＿＿＿＿＿

小组评价　达标率＿＿＿＿＿＿＿　　　　　　组长签名＿＿＿＿＿＿＿＿＿＿

　　　　　　良好率＿＿＿＿＿＿＿

　　　　　　优秀率＿＿＿＿＿＿＿

　　　　　　　　　　　　　　　　　　　　　　　　　年　　　月　　　日

本 章 总 结

　　地球上的水资源，从广义上来说是指水圈内水量的总体。包括经人类控制并直接可供灌溉、发电、给水、航运、养殖等用途的地表水和地下水，以及江河、湖泊、井、泉、潮汐、港湾和养殖水域等。从狭义上来说是指逐年可以恢复和更新的淡水量。水资源是发展国民经济不可缺少的重要自然资源。节约用水、高效用水是缓解水资源供需矛盾的根本途径。

　　建筑用水包括室内给水排水系统、室外给水排水系统、 雨水系统、景观水体、绿地和道路用水等。规划时，应结合所在区域总体水资源和水环境规划，依据高质高用，低质低用原则，充分利用其他水资源(雨水、生活污水)，按照相关标准处理后回收再利用。

　　在日常生活中，用水目的不同，水质要求不同。在绿色建筑体系中，分质供排水是水环境系统供排水原则。

　　民用建筑或建筑小区使用后的各种排水(包括冷却排水、沐浴排水、盥洗排水、洗衣排水、厨房排水等)经适当处理后回收用于建筑或建筑小区杂用(绿化、洗车、浇洒路面、冲洗厕所便器、洗拖布池等)的供水系统。

雨水子系统包括雨水直接利用和雨水间接利用。雨水直接利用是指将雨水收集后，经沉淀、过滤、消毒等处理工艺后，用作生活杂用水，如洗车、绿化、水景补水等，或将径流引入小区中水处理站作为中水水源之一。

绿化景观用水尽可能使用收集的雨水、废水或经过小区处理的废水。

绿色建筑应优先采用《节水型生活用水器具标准》、《当前国家鼓励发展的节水设备》。

绿色建筑节水与水资源利用评价标准包括绿色住宅建筑节水评价标准和绿色公共建筑节水评价标准。

本 章 习 题

1. 什么是水资源？地球上的水资源有哪些？

2. 我国水资源现状如何？

3. 如何科学制订合理用水规划？

4. 建筑物如何分质供排水？

5. 中水系统的设计原则有哪些？

6. 雨水收集及处理工艺有哪些？

7. 绿化和景观用水有哪些要求？

8. 节水器具和绿色管材有哪些？

9. 绿色建筑节水评价标准包括哪些内容？

第5章 节材与材料资源利用

【内容提要】

本章以建筑节材为对象，主要讲述绿色材料的概念与内涵、常用绿色建筑材料产品、节材与材料资源利用评价标准等内容，并在实训环节提供建筑节材专项技术实训项目，作为本章的实践训练项目，以供学生训练。

【技能目标】

- 通过对绿色材料的概念与内涵的学习，巩固已学的相关建筑材料的基本知识，了解绿色建材的概念、内涵、特征、应满足的性能以及绿色建材评价方法及选用原则。
- 通过对常用绿色建筑材料产品的学习，掌握生态水泥、绿色混凝土、加气混凝土砌块、保温材料、自保温墙体、生态玻璃和绿色涂料等常用绿色建筑材料。
- 通过对绿色建筑节材与材料资源利用评价标准的学习，掌握绿色建筑节材的评价标准。

本章是为了全面训练学生对节材与材料资源利用的掌握能力、检查学生对节材与材料资源利用知识的理解和运用程度而设置的。

建筑材料既是建筑的基础，又是建筑的灵魂。即使有再开阔的思路，再玄妙的设计，建筑也必须通过材料这个载体来实现。我国建材工业的主要产品水泥、玻璃、陶瓷、黏土砖产量居世界第一，建材工业能耗占全国社会终端总能耗的16%。绿色建筑关键技术中的"居住环境保障技术"、"住宅结构体系与住宅节能技术"、"智能型住宅技术"、"室内空气与光环境保障技术"、"保温、隔热、防水技术"都与绿色建材有关。将绿色建材的研究、生产和高效利用能源技术、各种新的绿色建筑技术的研究密切结合起来是未来建筑的发展趋势。

5.1 绿色材料的概念与内涵

【学习目标】

了解绿色材料的基本概念、含义和重要性，掌握绿色建材评价方法及选用原则。

1. 绿色材料的基本概念

绿色建筑材料是指采用清洁生产技术，不用或少用天然资源和能源，大量使用工农业或城市固态废物生产的无毒害、无污染、无放射性，达到使用周期后可回收利用，有利于环境保护和人体健康的建筑材料。

绿色建筑材料的界定不能仅限于某个阶段，而必须采用涉及多因素、多属性和多维的系统方法，必须综合考虑建筑材料的生命周期全过程各个阶段。

2. 绿色建材应满足的性能

(1) 节约资源。材料使用应该减量化、资源化、无害化，同时开展固体废物处理和综合利用技术。

(2) 节约能源。在材料生产、使用、废弃以及再利用等过程中耗能低，并且能够充分利用绿色能源，如太阳能、风能、地热能和其他再生能源。

(3) 符合环保要求、降低对人类健康及其生活环境的危害。材料选用尽量天然化、本地化，选用无害无毒且可再生、可循环的材料。

3. 绿色建材的内涵

(1) 利用新型材料取代传统建材。如利用新型墙体材料取代实心黏土砖等高能耗建材。

(2) 考虑材料全寿命周期和使用过程中装饰、装修材料的差别。原料采集—生产制造—包装运输—市场销售—使用维护—回收利用各环节都符合低能耗、低资源和对环境无害化要求。

4. 绿色建材与传统建材的区别

从资源和能源的选用上看，绿色建材生产所用原料尽可能少用天然资源，大量使用尾矿、废渣、垃圾、废液等废弃物。

从生产技术上看，绿色建材生产采用低能耗制造工艺和不污染环境的生产技术。

从生产过程上看，绿色建材在产品配置或生产过程中，不使用甲醛、卤化物溶剂或芳香烃；产品中不得含有汞及其化合物，不得使用含铅、镉、铬及其化合物的颜料和添加剂；尽量减少废渣、废气以及废水的排放量，或使之得到有效的净化处理。

从使用过程上看，绿色建材产品的设计以改善生活环境、提高生活质量为宗旨，即产品不仅不损害人体健康，而且应有利于人体健康。产品拥有多功能化的特征，如抗菌、灭菌、防毒、除臭、隔热、阻燃、防火、调温、调湿、消声、消磁、防辐射和抗静电等。

从废弃过程上看，绿色建材可循环使用或回收再利用，不产生污染环境的废弃物。

5. 绿色建材

(1) 以低资源、低能耗、低污染为代价生产的高性能传统建筑材料，如用现代先进工艺和技术生产的高质量水泥。

(2) 能大幅降低建筑能耗(包括生产和使用过程中的能耗)的建材制品，如具有轻质、高强、防水、保温、隔热、隔声等功能的新型墙体材料。

(3) 有更高使用效率和优异材料性能，从而能降低材料消耗的建筑材料，如高性能水泥混凝土、轻质高强混凝土。

(4) 具有改善居室生态环境和保健功能的建筑材料，如抗菌、除臭、调温、调湿、屏蔽有害射线的多功能玻璃、陶瓷、涂料等。

(5) 能大量利用工业废弃物的建筑材料，如净化污水、固化有毒有害工业废渣的水泥材料。

6. 绿色建材评价方法及选用原则

1) 评价体系

(1) ISO14000 体系认证(世界上最为完善和系统的环境管理国际标准)，由环境管理体系、环境行为体系、生命周期评价、环境管理、产品标准中的环境因素等组成。

(2) 环境标志产品认证(质量优、环境行为优)。

(3) 国家相关认证体系(节能门窗、绿色装饰材料等)。

2) 评价方法

(1) 单因子评价。利用实测数据和标准对比分类，选取最差结果的类别即为评价结果。

(2) 复合评价。运用多个指标对多个参评单位进行评价的方法，称为多变量综合评价方法，或简称综合评价方法。其基本思想是将多个指标转化为一个能够反映综合情况的指标进行评价。

3) 评价内容

绿色建材评价内容包括依据标准、资源消耗、能源消耗、生产环境影响、清洁生产、本地化、使用寿命、洁净施工、环境影响、再生利用性等。

4) 选用原则

(1) 对各种资源尤其是非再生资源的消耗尽可能低。

(2) 尽可能使用生产能耗低、可以减少建筑能耗以及能够充分利用绿色能源的建筑材料。

(3) 尽可能选用对环境影响小的建筑材料。

(4) 尽可能就近取材，减少运输过程中的能耗和环境污染。

(5) 提高旧建材的使用率。

(6) 严格控制室内环境质量，尽量做到有害物质零排放。

5.2 常用的绿色建材产品

【学习目标】

掌握生态水泥(eco-cement)、绿色混凝土等常用的绿色建材产品的性能、特点及应用。

1. 生态水泥

水泥是主要的建筑材料。生产 1 吨水泥熟料约需 1.1 吨石灰石，烧成、粉碎约需 105 千克煤。与此同时，分解 1.1 吨石灰石，排放 0.49 吨二氧化碳。减少水泥用量或改用生态水泥对节能减排具有重要的意义。

1) 生态水泥的概念

生态水泥是以城市垃圾焚烧灰和废水中污泥等废弃物为主要原料，添加其他辅料烧制而成的新型水泥或利用工业废料生产的水泥。生态水泥主要是指在生产和使用过程中尽量减少对环境影响的水泥。

2) 生态水泥的类型

生态水泥分为"普通生态水泥"和"快硬生态水泥"两种。普通生态水泥具有和普通水泥相同的质量，作为预搅拌混凝土，广泛应用于钢筋混凝土结构和以混凝土产品为主的地基改善材料等。快硬生态水泥则是一种比早强水泥凝固速度更快的水泥，具有发挥早期强度的特点，可用于无钢筋混凝土领域。

按照水泥成分组成可分为粉煤灰硅酸盐水泥、矿渣硅酸盐水泥、垃圾焚烧与水泥煅烧结合型水泥等。

(1) 粉煤灰硅酸盐水泥。粉煤灰是火力发电厂燃煤粉锅炉排出的废渣。

(2) 矿渣硅酸盐水泥。由硅酸盐水泥熟料和粒化高炉矿渣、适量石膏磨细制成的水硬性胶凝材料称为矿渣硅酸盐水泥。

(3) 垃圾焚烧与水泥煅烧结合型水泥。生产这种水泥不仅可以节省部分燃料，垃圾燃烧后产生的灰渣可以作为水泥原料被加以利用。

3) 生态水泥的特点

(1) 其生产所用原料尽可能少用天然资源，大量使用尾矿、废渣、垃圾、废液等废弃物。

(2) 生产和使用过程中有利于保护和改造自然环境、治理污染。

(3) 可使废弃物再生资源化并可回收利用。

(4) 产品设计以改善生活环境、提高生活质量为宗旨，即产品不仅不危及人体健康，而且应有益于人体健康，产品具有多功能化，如阻燃、防火、调温、调湿、消声、防射线等。

(5) 具有良好的使用性能，满足各种建设的需要。生态水泥从材料设计、制备、应用，直至废弃物处理，全过程都与生态环境相协调，都以促进社会和经济的可持续发展为目标。

4) 生态水泥生产的技术关键

(1) 作为代用原料的废弃物化学成分不稳定，离散性大。如何得到成分均匀、质量稳定的入窑生料是整个工序的关键。

对此的解决方法是：加强原料的预均化和生料的均化，使废弃物成分波动在允许的范围内；作为代用燃料的废弃物，应注意投入方式和投入时间、位置，以确保废弃物完全燃烧。

(2) 固体废弃物中可能含有高浓度的氯和极少量的有毒有害物质，如何分离、除去、封存这些物质是整个生产工艺是否成功的关键。

对此，在生态水泥生产过程中必须严格限制排放物中 NO_x、SO_x、HCl、二噁英及其他有毒有害物质的含量；若原料中氯含量较高，宜将原料直接投入回转窑中煅烧或对预分解窑采用旁路放风措施；废弃物带进的二噁英在高于 800℃时完全分解，窑尾废气应采用冷却塔快速冷却至 250℃以下，以防止在 250～350℃时二噁英重新生成。

(3) 由于固体废弃物中常含有重金属成分，如 Pb、Zn、Cu、Cr、As 等，为从窑灰中回收这些重金属，必要时需在工艺线上增设金属回收工艺。

5) 生态水泥的用途

早前由于生态水泥中氯离子含量太高而使它的使用范围大受限制，但是自从日本研究人员将其中氯离子含量降到 0.1%以下后，生态水泥就像普通水泥一样被广泛地用作建造房屋、道路、桥梁的混凝土，其工作和使用性能与普通水泥没有差别。

(1) 用于制混凝土。

生态水泥用作混凝土时，因为属于快硬水泥，为了便于施工，必须添加缓凝剂。生态水泥混凝土的水灰比与抗压强度的关系和普通混凝土一样，是直线关系。特别是灰水比比较大的范围，强度增长快。由于生态水泥中含有 Cl 元素，容易引起钢筋锈蚀，所以一般用于素混凝土中，还可与普通混凝土混合使用。可用作道路混凝土，水坝用混凝土，消波块、鱼礁块等海洋混凝土，空心砌块或密实砌块，还可来做木片水泥板等纤维制品。

(2) 用作地基改良用固化剂。

在湿地或者沼地等软弱地基改良中，可用生态水泥作为固化剂。经实验处理过的土壤早期强度良好，完全适于加固土壤。

6) 国内外生产生态水泥的情况

(1) 国外生产生态水泥情况。

世界上发达国家利用水泥窑焚烧危险废弃物已有 30 余年的历史，美国、日本、欧盟等发达国家和地区采用高新技术，利用工业废弃物替代天然的原料和燃料，生产出达到质量标准并符合环保要求的生态水泥，已有比较成熟的经验。

(2) 我国生产生态水泥的情况。

我国在废物衍生燃料方面也做过不少工作。北京建材集团公司所属北京水泥厂利用树脂渣、废漆渣、有机废溶液、油墨渣四种比较有代表性的工业有机废弃物在本厂 2000t/d 熟料新型干法窑上进行了焚烧试验。

2. 绿色混凝土

混凝土是当今世界上应用最广泛、用量最大的工程材料，然而在许多国家中混凝土面临着耐久性不良的严重问题，甚至一些发达国家的重要混凝土结构如大坝、轨枕和桥梁在没有达到使用寿命前就已严重劣化，不得不花巨资进行维修或重建，仅美国每年用于混凝土的维修或重建费用就高达几百亿美元。因材质劣化引起混凝土结构开裂破坏甚至崩塌的事故屡屡发生，其中水工、海工建筑与桥梁尤为多见。1980 年 3 月 27 日，北海 Stavanger 近海钻井平台 Alexander Kjell 号突然损坏，导致 123 人死亡。切尔诺贝利核电站的泄漏造成大面积发射性污染，生态环境遭受了严重破坏。在日本海沿岸，许多港湾建筑、桥梁建成后不到 10 年便见混凝土表面开裂、剥落、钢筋外露现象，其主要原因是碱骨料反应。北京三元里立交桥桥墩建成后不到两年就发生"人字形"裂纹，许多专家认为是碱骨料反应所致。在天津也有类似的情况发生。更严重的是 1987 年山西大同的混凝土水塔突然破坏，水如山洪暴发一样冲下，造成众多人员伤亡和大量财产被破坏。

种种事件告诉我们，作为主要的结构材料，混凝土耐久性的重要性不亚于强度，我们的设计人员不应只重视强度而忽视耐久性。我国正处于经济高速发展时期，许多耗资巨大的重要建筑，如大量高层甚至超高层建筑、各类大坝、海洋钻井平台、跨海大桥、压力容器等，对耐久性有更高的要求，如何保证这些重大结构工程的耐久性已成为大家普遍关注的焦点。

绿色混凝土应具有比传统混凝土更高的强度和耐久性，可以实现非再生性资源的可循环使用和有害物质的最低排放，既能减少环境污染，又能与自然生态系统协调共生。

1) 绿色高性能混凝土

高性能混凝土(High Performance Concrete)的研究是当今土木工程界最热门的课题之一。1990 年 5 月，美国国家标准与技术研究院(NIST)与美国混凝土协会(ACI)召开会议，首先提出高性能混凝土(HPC)这个名词，专家认为 HPC 是同时具有某些性能的匀质混凝土，必须采用严格的施工工艺与优质原材料，配制成便于浇捣、不离析、力学性能稳定、早期强度高，并具有韧性和体积稳定性的混凝土；特别适合于高层建筑、桥梁以及暴露在严酷环境下的建筑物。

绿色高性能混凝土是在大幅度提高常规混凝土性能的基础上，选用优质原材料，在妥善的质量管理的条件下制成的。除了水泥、水、集料以外，高性能混凝土还采用低水胶比和掺加足够的细掺料与高效外加剂。

绿色高性能混凝土用大量工业废渣作为活性细掺料代替大量熟料。绿色高性能混凝土不是熟料水泥而是磨细水淬矿渣和分级优质粉煤灰、硅灰等，或是它们的混合物，这成为胶凝材料的主要组分。

高性能混凝土应同时保证下列诸性能：耐久性、工作性、各种力学性能、适用性、体积稳定性和经济合理性。

最早提出绿色高性能混凝土(GHPC)概念的是吴中伟教授。绿色高性能混凝土概念的提出在于加强人们对资源、能源和环境的重视，要求混凝土工作者更加自觉地提高 HPC 的绿色含量或者加大其绿色度，节约更多的资源、能源，将对环境的影响减到最少，这不仅是为了混凝土和建筑工程的持续健康发展，更是人类的生存和发展所必需的。一般认为真正的绿色高性能混凝土应符合以下条件。

(1) 所使用的水泥必须为绿色水泥，此处的"绿色水泥"是针对"绿色"水泥工业来说的。绿色水泥工业是指将资源利用率和二次能源回收率均提高到最高水平，并能够循环利用其他工业的废渣和废料。技术装备上更加强化了环境保护的技术和措施。粉尘、废渣和废气等的排放几乎接近于零，真正做到不仅自身实现零污染、无公害，又因循环利用其他工业的废料、废渣，而帮助其他工业进行三废消化，最大限度地改善环境。

(2) 最大限度地节约水泥熟料用量，从而减少水泥生产中的"副产品"——二氧化碳、二氧化硫、氧化氮等气体，以减少环境污染，保护环境。我国水泥产量世界第一，如全世界水泥产量从现在 15 亿吨增加到 2010 年的 18 亿吨，则世界水泥工业将令大气层中 CO_2 量增加 150 亿吨。各国已规定 CO_2 排放限量，水泥工业的发展必将受到限制，水泥产量不能再增加了！必须积极改变品种和工艺以降低能耗。GHPC 中最多可达 60%～80%磨细工业废渣而不是水泥熟料成为最大的胶凝组分，既能满足 HPC 的全部性能要求，又能大幅度减少熟料用量，这将是一条主要出路。

(3) 更多地掺加经过加工处理的工业废渣，如磨细矿渣、优质粉煤灰、硅灰和稻壳灰等作为活性掺和料，以节约水泥，保护环境，并改善混凝土耐久性。用于混凝土的工业废渣主要有三类：①水淬矿渣(Slag)。我国年产矿渣约 8000 万吨，已大部分用作水泥混合材，但细度粗，活性未充分利用，因而造成水泥强度低、矿渣掺量小。近年来日本对超细磨矿渣用于混凝土进行了较系统的研究，代替水泥可高达 50%～80%，并取得流动性、耐久性、后期强度等性能的明显改善，已成为 HPC 的有效组分。②优质粉煤灰(Fly Ash)。包括 1985年加拿大能源矿产部开发的高掺量粉煤灰混凝土(HFCC)，也包括用于结构中的 HPC，其中粉煤灰占胶凝材料总量的 55%～60%，改变了几十年以来粉煤灰代替水泥掺量不超过 25%的传统做法(目前我国一些规范标准还都有此限制)。我国粉煤灰排量增加迅速，1995 年已超过 1.25 亿吨，其中不少优质粉煤灰适于制作 HPC，例如内蒙古赤峰元宝山电厂优质灰超过我国 1 级灰标准，已大量用于北京首都国际机场航站楼等重要工程。③硅粉(Silica Fume)。硅粉是硅铁合金厂在冶炼硅铁合金时从烟层中收集的飞灰。我国硅灰产量约为 3000～4000

吨/年，其细度极高，对混凝土的增强效果极好，但因量少而价高，故一般只用于有特殊要求的工程中。但是用少量硅粉与矿渣或粉煤灰复合，不仅能够增加复合细掺料取代水泥的量，增加 GHPC 的早期强度与多种性能，还具有提高工作性、体积稳定性、耐久性、降低温升等效果，这种因复合带来的超叠加效应，特别值得重视。

(4) 大量应用以工业废液尤其是黑色纸浆废液为原料制造的减水剂，以及在此基础上研制的其他复合外加剂，帮助造纸工业消化处理难以治理的废液污染江河问题。

(5) 集中搅拌混凝土和大力发展预拌商品混凝土，消除现场搅拌混凝土所产生的废料、粉尘和废水，并加强对废料和废水的循环使用。

(6) 发挥 HPC 的优势，通过提高强度、减小结构截面积或结构体积，减少混凝土用量，从而节约水泥、砂、石的用量；通过改善和易性来改善浇注密实性能，降低噪音和能耗；通过大幅度提高混凝土耐久性，延长结构物的使用寿命，进一步节约维修和重建费用，减少对自然资源无节制地使用。

(7) 砂石料的开采应该以十分有序且不过分破坏环境为前提。积极利用城市固体垃圾，特别是拆除的旧建筑物和构筑物的废弃物混凝土、砖、瓦等，以其代替天然砂石料，减少砂石料的消耗，发展再生混凝土。

2) 再生骨料混凝土

(1) 再生混凝土的概念。

再生混凝土的概念是随着社会的发展而发展的。随着人们可持续发展观念的增强与科学技术的发展，越来越多的固体垃圾能被循环利用。用于生产再生骨料的材料除废弃混凝土外，还有碎砖、瓦、玻璃、陶瓷、炉渣、矿物垃圾、石膏等。可见，经特定处理、破碎、分级并按一定的比例混合后，形成的以满足不同使用要求的骨料就是再生骨料(Recycled Aggregate)。而以再生骨料配制的混凝土称为再生骨料混凝土(Recycled Aggregate Concrete)，简称再生混凝土(Recycled Concrete)。我国规范规定：在配制过程中掺用了再生骨料，且再生骨料占骨料总量的质量百分比不低于30%的混凝土称为再生混凝土。

我国 20 世纪 50 年代所建成的混凝土工程已使用 50 余年，许多工程都已经损坏，随着结构的破坏，许多建筑物都需要修补或拆除，而在大量拆除建筑废料中相当一部分都是可以再生利用的。

如果将拆除下来的建筑废料进行分选，制成再生混凝土骨料，用到新建筑物的重建上，不仅能够从根本上解决大部分建筑废料的处理问题，同时可以减少运输量和天然骨料使用量。

(2) 再生混凝土的性能。

再生骨料与天然骨料相比，孔隙率大、吸水性强、强度低，因此再生骨料混凝土与天然骨料配置的混凝土的特性相差较大，这是应用再生骨料混凝土时需要注意的问题。再生混凝土具有以下性能。

① 与天然骨料相比，再生粗骨料的堆积密度、表观密度均低于天然粗骨料，而相应的空隙率和吸水率均比天然粗骨料大。再生骨料强度即压碎指标比天然骨料稍大，表面粗糙度大，这些都是由于再生骨料中含有大量的老水泥砂浆，且存在微裂缝的缘故。因此，在

制备再生混凝土时，应特别注意再生骨料的高吸水率问题，否则会影响再生混凝土的生产、使用及物理力学性能。

② 在普通成型工艺条件下，采用 42.5 普通硅酸盐水泥与建筑垃圾再生粗骨料、天然砂细骨料或用矿渣代替部分细骨料、高效减水剂，通过合理的配合比设计可配制出和易性良好的中等强度再生骨料混凝土。再生骨料混凝土抗压强度试验的极差分析表明：水灰比和再生骨料取代率是影响再生混凝土抗压强度的最显著因素，随着水灰比的增大，混凝土的强度下降；再生混凝土的坍落度和强度随再生粗骨料掺量的增大而降低；在水灰比相同的情况下，随着外加剂掺量的增加，再生混凝土的强度提高。

③ 在相同的 W/C 条件下，随着再生骨料取代率增加，混凝土的坍落度逐渐变小。再生骨料表面粗糙、孔隙率高、吸水率大而明显影响了新拌混凝土的和易性。在混凝土配料组成中，用粉煤灰等量取代水泥可明显改善新拌混凝土的和易性。高效减水剂可以显著地改善再生混凝土的流动性，而矿物外加剂能较好地改善再生混凝土黏聚性和保水性。随着再生骨料取代量的增加，混凝土的坍落度损失的幅度逐渐增大，这与再生骨料表面吸水需要一定时间达到平衡有密切的关系。再生骨料混凝土的初始流动度和坍落度损失与再生骨料的含水状态有关。

④ 再生混凝土耐久性好坏与再生骨料的取代率、自身性质、水灰比和添加料等因素有关。再生混凝土的抗碳化性、抗冻融性、抗渗性及氯离子渗透性、抗硫酸盐侵蚀性均比普通混凝土弱，这主要是由于再生骨料含有很多裂缝与水泥附浆、孔隙率和吸水率较高。可以通过减小再生骨料的最大粒径及强化、二次搅拌、降低水灰比、采用半饱和面干状态的再生骨料、掺加粉煤灰或矿渣等活性掺和外加剂等措施得到提高，达到高性能的要求。

(3) 再生混凝土制品。

再生混凝土制品是以水泥为主要胶凝材料，在生产过程中采用了再生骨料，且再生骨料占固体原材料总量的质量百分比不低于 30%的墙体砌筑材料。再生混凝土制品分为再生实心砌块和再生多孔砌块。再生实心砌块主规格尺寸为 240mm×115mm×53mm；再生多孔砌块主规格尺寸为 240mm×115mm×90mm。其他规格尺寸例如 190mm×190 mm×90mm 等可由供需双方协商确定。再生混凝土砌块按照抗压强度可分为 RMU10、RMU15、RMU20、RMU25、RMU30 五个强度等级。再生实心砌块的抗冻性能、抗渗性能要好于再生多孔砖，经过邯郸地区工程验证，再生实心砌块可代替烧结普通砖用于工业与民用建筑的基础；再生多孔砌块可用于工业和民用建筑墙体，但一般不用于±0.000 以下标高的基础和墙体。

再生混凝土制品具有废物利用、绿色环保、机制生产、尺寸灵活、设计性好、强度高、价格低廉、施工简便快捷等特点，是建筑垃圾作为原材料进行循环再利用的新一代绿色建材产品，其主要技术优势如下。

① 废物利用，节能环保：利用再生混凝土制品技术每年可减少损毁农田上千亩。

② 机制生产，减少污染：可利用普通黏土砖、多孔砖、粉煤灰砌块等模具机制生产，节约燃料和减少碳排放。

③ 尺寸随机，适应性强：有标准化产品，亦可根据供需双方协商设计制定专用尺寸。

④ 强度高：强度高于粉煤灰和加气混凝土砌块，可用于承重结构。

⑤ 就地取材，价格低廉：建筑垃圾可就地取材，手工或简易机械就能生产，快捷、便宜。

⑥ 施工快捷：可利用传统砌筑工艺施工，方便快捷。

⑦ 情感再生：可用于灾后重建，在精神和情感方面进行"再生"。

3) 环保型混凝土

多孔混凝土也称为无砂混凝土，它具有粗骨料，没有细骨料，直接用水泥作为黏结剂连接粗骨料，其透气和透水性能良好，连续空隙可以作为生物栖息繁衍的地方，而且可以降低环境负荷，是一种新型的环保材料。

植被混凝土则以多孔混凝土为基础，然后通过在多孔混凝土内部的孔隙加入各种有机、无机的养料来为植物提供营养，并且加入了各种添加剂来改善混凝土内部性质，使得混凝土内部的环境适合植物生长，另外还在混凝土表面铺了一层混有种子的客土，提供种子早期需要的营养。

透水性混凝土与传统混凝土相比，透水性混凝土最大的特点是具有 15%～30% 的连通孔隙，具有透气性和透水性。将这种混凝土用于铺筑道路、广场、人行道等，能扩大城市的透水、透气面积，增加行人、行车的舒适性和安全性，减少交通噪声，对调节城市空气的温度和湿度具有重要作用。

透水性混凝土是指空隙率为 15%～25% 的混凝土，也称作无砂混凝土。随着人类对改善生态环境、保护家园越来越重视，透水性混凝土也正在获得越来越多的应用。透水性混凝土特别适合用于城市公园、居民小区、工业园区、体育场、学校、医院、停车场等场所的地面和路面。因为透水性混凝土具有下列优点。

(1) 增加城市可透水、透气面积，加强地表与空气的热量和水分交换，调节城市气候，降低地表温度，有利于缓解城市"热岛现象"，改善地面植物和土壤微生物的生长条件和调整生态平衡。

(2) 充分利用雨雪降水，增大地表相对湿度，补充城区日益枯竭的地下水资源，发挥透水性路基的"蓄水池"功能。

(3) 能够减轻降雨季节道路排水系统的负担，明显降低暴雨对城市水体的污染。

(4) 吸收车辆行驶时产生的噪音，创造安静舒适的生活和交通环境，雨天防止路面积水和夜间反光。

(5) 具有良好的耐磨性和防滑性，有效地防止行人滑倒和车辆打滑，改善车辆行驶及行人行走的舒适性与安全性。

(6) 冬天不会在路面形成黑冰(由霜雾形成的一层几乎看不见的薄冰，极危险)，提高了车辆、行人通行的舒适性与安全性。

(7) 大量的空隙能吸附城市污染物粉尘，减少扬尘污染。

(8) 可以根据环境及功能需要设计图案，颜色，充分与周围环境相结合。

3. 加气混凝土砌块

1) 定义

加气混凝土是以硅质材料(砂、粉煤灰及含硅尾矿等)和钙质材料(石灰、水泥)为主要原料，掺加发气剂(铝粉)，通过配料、搅拌、浇注、预养、切割、蒸压、养护等工艺过程制成的轻质多孔硅酸盐制品。因其经发气后含有大量均匀而细小的气孔，故名加气混凝土。

2) 类型

加气混凝土按形状不同可分为各种规格砌块或板材。

加气混凝土按原料不同分为三种：水泥、石灰、粉煤灰加气砖；水泥、石灰、砂加气砖；水泥、矿渣、砂加气砖。

加气混凝土按用途不同可分为非承重砌块、承重砌块、保温块、墙板与屋面板五种。

加气混凝土具有容重轻、保温性能高、吸音效果好、有一定的强度和可加工性等优点。

3) 特点

(1) 质轻。孔隙达 70%～85%，体积密度一般为 500～900kg/m³，为普通混凝土的 1/5，为黏土砖的 1/4，为空心砖的 1/3，与木质差不多，能浮于水。可减轻建筑物自重，大幅度降低建筑物的综合造价。

(2) 防火。主要原材料大多为无机材料，因而具有良好的耐火性能，并且遇火不散发有害气体。耐火 650℃，为一级耐火材料，90mm 厚墙体耐火性能达 245 分钟，300mm 厚墙体耐火性能达 520 分钟。

(3) 隔音。因具有特有的多孔结构，因而具有一定的吸声能力。10mm 厚墙体可使声音达到 41 分贝。

(4) 保温。由于材料内部具有大量的气孔和微孔，因而有良好的保温隔热性能。导热系数为 0.11～0.16W/m・K，是黏土砖的 1/4～1/5。通常 20cm 厚的加气混凝土墙的保温隔热效果相当于 49cm 厚的普通实心黏土砖墙。

(5) 抗渗。因材料由许多独立的小气孔组成，吸水导湿缓慢，同体积吸水至饱和所需时间是黏土砖的 5 倍。用于卫生间时，墙面进行界面处理后即可直接粘贴瓷砖。

(6) 抗震。同样的建筑结构比黏土砖提高 2 个抗震级别。

(7) 环保。制造、运输、使用过程无污染，可以保护耕地、节能降耗，属绿色环保建材。

(8) 耐久。材料强度稳定，在对试件大气暴露一年后测试，强度提高了 25%，十年后仍保持稳定。

(9) 快捷。具有良好的可加工性，可锯、刨、钻、钉，并可用适当的黏结材料黏结，为建筑施工创造了有利的条件。

(10) 经济。综合造价比采用实心黏土砖降低 5% 以上，并可以增大使用面积，大大提高建筑面积利用率。

4. 保温材料和构造

在建筑中，习惯上将用于控制室内热量外流的材料叫作保温材料，防止室外热量进入室内的材料叫作隔热材料。常用的保温绝热材料按其成分可分为有机、无机两大类。按其形态又可分为纤维状、多孔状(微孔、气泡)、粒状、层状等多种。

1) 主要保温材料

(1) 膨胀型聚苯板(EPS板)。保温效果好，价格便宜，强度稍差。

(2) 挤塑型聚苯板(XPS板)。保温效果更好，强度高，耐潮湿，价格贵。

(3) 岩棉板。防火，阻燃，吸湿性大，保温效果差。

(4) 胶粉聚苯颗粒保温浆料。阻燃性好，保温效果差。

(5) 聚氨酯发泡材料。防水性好，保温效果好，强度高，价格较贵。

(6) 珍珠岩材料。防火性好，耐高温，保温效果差，吸水性高。

几种主要保温材料的导热系数如表5.1所示。

表5.1　常用保温材料的导热系数

材料	XPS板	EPS板	岩棉板	胶粉聚苯颗粒保温浆料	聚苯乙烯	聚氨酯发泡	膨胀珍珠岩
导热系数 W/m·k	0.028	0.038	0.042	0.058	0.045	0.03	0.077

2) 外保温构造和要求

(1) 保温系统外附在固定的(混凝土或砌体)实体结构墙上。

(2) 保温系统由保温层、防护(抹面)层、固定材料(胶粘剂、锚固件等)和饰面层构成。

(3) 保温系统本身具有较好的耐久性、安全性和防护性能。

3) 外墙外保温系统性能及工程性能

(1) 材料。保温—黏结附着—机械强度—尺寸稳定性。

(2) 系统。保温—可靠耐久—安全—抗裂—防止火蔓延。

4) 外墙外保温系统安全性能

(1) 系统与基层墙体连接安全。系统与基层墙体连接是安全的。

(2) 系统饰面砖连接安全。试验方法未确定，验证工作还未展开，全行业企业质量水平差距大，应慎重推出。

(3) 系统防火安全。

① 居住建筑外保温材料燃烧性能要求。

所用外保温材料的燃烧性能不应低于B_2级。高度不高于100m的建筑，燃烧性能不低于B_2级。100m以上，采用不燃(A级)难燃(B_1级)保温材料。

② 居住建筑外保温系统的防火构造。

当保温层采用B_2级材料时，应设置防火构造，对于高度低于24m、24～60m和低于100m的建筑，分别每三层、两层和每层设置一水平隔离带。

保温层的防护层应采用不燃材料将保温层完全覆盖。防护层厚度首层不应小于6mm，其他层不应小于3mm。

5. 自保温墙体

1）墙体自保温系统的定义

墙体自保温系统是指按照一定的建筑构造，采用节能型墙体材料及配套专用砂浆使墙体热工性能等物理性能指标符合相应标准的建筑墙体保温隔热系统。

墙体自保温系统具有节能、利废、环保、隔热、保温、防火、隔音、造价低等诸多优点。

2）墙体自保温系统的基本构造

墙体自保温系统按基层墙体材料不同可分为蒸压加气混凝土砌块墙体自保温系统、节能型烧结页岩空心砌块墙体自保温系统、陶粒混凝土小型空心砌块墙体自保温系统等。

墙体自保温系统基本构造要求如下。

（1）自保温墙体顶部与梁或楼板下的缝隙宜作柔性连接，在地震区应有卡固措施。

（2）热桥做保温处理时，自保温墙体应凸出热桥梁、柱、剪力墙边线50～55mm，剪力墙宜每层设置挑板用以承托薄块保温层。

（3）砌块外墙保温及界面缝构造应符合下面构造详图的要求。

外窗台保温构造如图5.1所示。

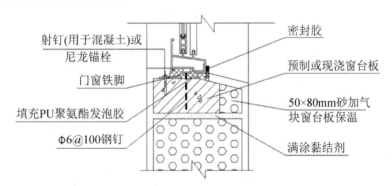

图5.1 外窗台保温构造

外墙内保温及界面垂直缝构造如图5.2所示。

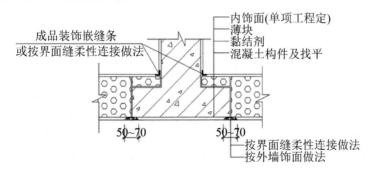

图5.2 外墙内保温及界面垂直缝构造

外墙外保温及界面垂直缝构造如图 5.3 所示。

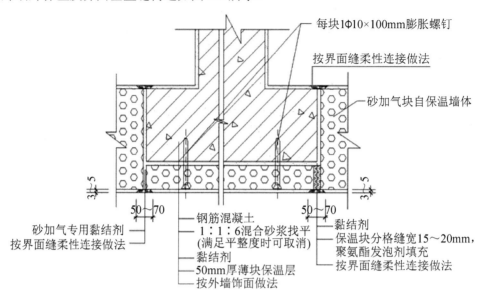

图 5.3　外墙外保温及界面垂直缝构造

外墙保温及界面水平缝构造如图 5.4 所示。

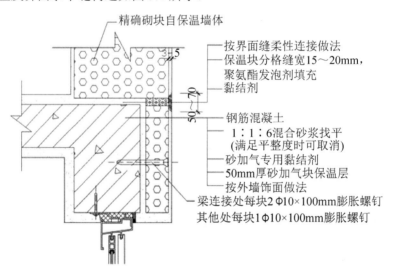

图 5.4　外墙保温及界面水平缝构造

注：① 隔离剂仅在梯形弹性腻子的中部涂抹，以保证弹性腻子变形，弹性腻子端头与找平层间应使用界面剂，确保黏结牢靠。

② 外墙外侧饰面分格缝、墙体保温块分格缝间距宜≤10m。

③ 外墙保温及界面缝构造适用于建筑立面分割缝与界面缝不一致的情况。

墙体自保温技术体系是按照一定的建筑构造，采用节能型墙体材料及配套砂浆，使墙体的热工性能等物理性能指标符合相应标准的建筑墙体保温隔热技术体系，其系统性能及组成材料的技术要求须符合相关技术标准的规定。该技术体系具有工序简单、施工方便、安全性能好、便于维修改造和可与建筑物同寿命等特点。工程实践证明应用该技术体系不仅可降低建筑节能增量成本，而且对提高建筑节能工程质量具有十分重要的现实意义。

6. 生态玻璃

玻璃工业也是一个高能耗、污染大、环境负荷高的产业。平板玻璃生产时对环境的污染主要是粉尘、烟尘和 SO_2 等。随着建筑业、交通业的发展，平板玻璃已不仅仅是用作采光和结构材料，而是向着控制光线、调节温度、节约能源、减少噪声等多功能方向发展。

生态环境玻璃材料是指具有良好的使用性能或功能，对资源能源消耗少和对生态环境污染小，再生利用率高或可降解与循环利用，在制备、使用、废弃直到再生利用的整个过程与环境协调共存的玻璃材料。

其主要功能是降解大气中工业废气和汽车尾气的污染和有机物污染，降解积聚在玻璃表面的液态有机物，抑制和杀灭环境中的微生物，并且玻璃表面呈超亲水性，对水完全保湿，可以隔离玻璃表面吸附的灰尘、有机物，使这些吸附物不易与玻璃表面结合，在外界风力、雨水淋和水冲洗等外力和吸附物自重的推动下，灰尘和油腻自动地从玻璃表面剥离，达到去污和自洁的要求。

常用建筑生态玻璃包括热反射玻璃、Low-E 玻璃、调光玻璃、隔音玻璃、电磁屏蔽玻璃、抗菌自洁玻璃、光致变色玻璃等。

(1) 热反射玻璃。 热反射玻璃是用喷雾法、溅射法在玻璃表面涂上金属膜、金属氮化物膜或金属氧化物膜面制成的。热反射玻璃能反射太阳光，可创造一个舒适的室内环境，同时在夏季能起到降低空调能耗的作用。

热反射玻璃是有较高的热反射能力而又能保持良好透光性的平板玻璃，它是采用热解法、真空蒸镀法、阴极溅射法等，在玻璃表面涂以金、银、铜、铝、铬、镍和铁等金属或金属氧化物薄膜，或采用电浮法等离子交换方法，以金属离子置换玻璃表层原有离子而形成热反射膜。热反射玻璃也称镜面玻璃，有金色、茶色、灰色、紫色、褐色、青铜色和浅蓝等多种颜色。对来自太阳的红外线，其反射率可达 30%～40%，个别的甚至可高达 50%～60%。

热反射玻璃有较强烈热反射性能，可有效地反射太阳光线，包括大量红外线，因此在有光照时，使室内的人感到清凉舒适。镀金属膜的热反射玻璃还有单向透像的作用，即白天能在室内看到室外景物，而室外看不到室内的景象。

(2) Low-E 玻璃。Low-E 为英文 Low Emissivity 的简称，又称为低辐射镀膜玻璃，是相对热反射玻璃而言的，是一种节能玻璃。Low-E 玻璃是在玻璃表面镀上多层金属或其他化合物组成的膜系产品。与普通玻璃及传统的建筑用镀膜玻璃相比，Low-E 玻璃具有优异隔热效果和良好的透光性。

Low-E 玻璃具有传热系数低和反射红外线的特点。它的主要功能是降低室内外远红外线的辐射能量传递，而允许太阳能辐射尽可能多地进入室内，从而维持室内的温度，节省暖气、空调费用的开支。这种产品的可见光透过较高，其反射光的颜色较淡，几乎难以看出。因此，它多被用于中、高纬度寒冷地区。适当控制 Low-E 玻璃的透过，使它既能反射部分太阳能辐射，也能降低室内外热辐射能量的传递，从而形成一堵隔离辐射能的窗。这种 Low-E 玻璃产品的可见光透过适中，其反射光的颜色多为浅淡的蓝色，具有一定的装饰效果。因此，这种产品的适用性更强、选用范围更广，可被广泛地用于高、中、低纬度地区。其还兼具夏天阻挡外部热量进入室内功能。

低辐射玻璃是一种既能让室外太阳能、可见光透过，又像红外线反射镜一样，将物体二次辐射热反射回去的新一代镀膜玻璃。在任何气候环境下使用，均能达到控制阳光、节约能源、热量控制调节及改善环境的效果。

行内人士还称其为恒温玻璃：即无论室内外温差有多少，只要装上低辐射玻璃，室内花很少的空调费用便可永远维持冬暖夏凉的境地，即夏天防热能入室，冬天防热能泄漏，具双向节能效果。

值得注意的是，低辐射玻璃除了影响玻璃的紫外光线、遮光系数外，从某角度上观察会有些许不同颜色显现在玻璃的反射面上。

(3) 调光玻璃。调光玻璃是一款将液晶膜复合进两层玻璃中间，经高温高压胶合后一体成型的夹层结构的新型特种光电玻璃产品。使用者通过控制电流的通断与否控制玻璃的透明与不透明状态。玻璃本身不仅具有一切安全玻璃的特性，同时又具备控制玻璃透明与否的隐私保护功能，由于液晶膜夹层的特性，调光玻璃还可以作为投影屏幕使用，替代普通幕布，在玻璃上呈现高清画面图像。

自动调光玻璃有两种，一种是电致色调玻璃，另一种是液晶调光玻璃。

调光玻璃由美国肯特州立大学的研究人员于 20 世纪 80 年代末发明并申请发明专利。在国内，人们习惯称调光玻璃为智能电控调光玻璃、智能玻璃、液晶玻璃、电控玻璃、变色玻璃、PDLC 玻璃、Smart 玻璃、魔法玻璃等。

智能电控调光玻璃于 2003 年开始进入国内市场。由于售价昂贵且识者甚少，后来的近十年间在中国发展缓慢。随着国民经济的持续高速增长，国内建材市场发展迅猛，智能电控调光玻璃成本下降明显，渐渐为建筑及设计业界所接受并开始大规模应用。随着成本进一步降低及市场售价的下调，调光玻璃也开始步入家庭装修应用领域，相信不久的将来，这种实用的高科技产品将会走进千家万户。

(4) 隔音玻璃。隔音玻璃是将隔热玻璃夹层中的空气换成氢、氩或六氮化硫等气体并用不同厚度的玻璃制成，可在很宽的频率范围内有优异的隔音性能。

(5) 电磁屏蔽玻璃。电磁屏蔽玻璃是一种防电磁辐射、抗电磁干扰的透光屏蔽器件，广泛用于电磁兼容领域，分为丝网夹芯型和镀膜型两种类型。丝网夹芯型用玻璃或树脂与经特殊工艺制成的屏蔽丝网在高温下合成；通过特殊工艺处理，对电磁干扰产生衰减，并使屏蔽玻璃对所观察的各种图形(包括动态色彩图像)不产生失真，具有高保真、高清晰的特点；同时还具有防爆玻璃特性。

(6) 抗菌自洁玻璃。抗菌自洁玻璃是采用目前成熟的镀膜玻璃技术(如磁控浇注、溶胶—凝胶法等)在表面涂盖一层二氧化钛薄膜的玻璃。

(7) 光致变色玻璃。在适当波长光的辐照下改变其颜色，在移去光源时则恢复其原来颜色的玻璃，又称变色玻璃或光色玻璃。光致变色玻璃是在玻璃原料中加入光色材料制成的。

7. 绿色涂料

大多数建筑物都需要用涂料进行装修，一方面起到装饰作用，另一方面起到保护建筑物的作用。

涂料按用途分为内墙涂料系列、外墙涂料系列及浮雕涂层系列；按类型分为面漆、中层漆、底漆等。涂料的主要成分为树脂类有机高分子化合物，在使用时(刷或喷涂)需用稀释剂调到合适黏度以方便施工。

这些稀释剂挥发性强，大量弥散于空气中，是引起人中毒的罪魁祸首。各类"稀料"由一些酯类、酮类、醚类、醇类及苯、甲苯、二甲苯等芳香烃配制而成。

其中对人体危害最大的是苯，它不仅能引起麻醉和刺激呼吸道，而且能在体内神经组织及骨髓中积蓄，破坏造血功能(使红、白细胞和血小板减少)，长期接触能造成严重后果。

传统的低固含量溶剂型涂料约含 50%的有机溶剂。涂料的加工和生产产生的有机化合物在人类活动所产生的有机挥发组分(VOC)总量中仅次于交通，居第二位，约占 20%～25%。

所谓"绿色涂料"是指节能、低污染的水性涂料、粉末涂料、高固体含量涂料(或称无溶剂涂料)和辐射固化涂料等。

(1) 高固含量涂料。其主要特点是：在可利用原有的生产方法、涂料工艺的前提下，降低有机溶剂用量，从而提高固体组分。

(2) 水基涂料。事实上，现在水基涂料使用量已占所有涂料的一半左右。水基涂料主要有水溶性、水分散性和乳胶性三种类型。

① 水分散型涂料。水分散型涂料实际应用面相对大一些，通过将高分子树脂溶解在有机溶剂——水混合溶剂中形成。

② 乳胶型涂料。涂料在使用过程中，高分子通过离子间的凝结成膜。

③ 水溶性高分子涂料。

(3) 粉末涂料。粉末涂料理论上是绝对的 VOC 为零的涂料；缺点是制备工艺复杂，难以得到薄的涂层。

(4) 液体无溶剂涂料。包括能量束固化型涂料和双液型涂料两类。

能量束固化型涂料。这类涂料之中多数含有不饱和基团或其他反应性基团，在紫外线、电子束的辐射下，可在很短的时间内固化成膜。

双液型涂料。双液型涂料贮存时，低黏度树脂和固化剂分开包装，使用前混合，涂装时固化。

(5) 弹性涂料。所谓弹性涂料，即形成的涂膜不仅具有普通涂膜的耐水、耐候性，而且能在较大的温度范围内保持一定的弹性韧性及优良的伸长率。从而可以适应建筑物表面产生的裂纹而使涂膜保持完好。

(6) 杀虫内墙装饰乳胶漆。杀虫环保涂料是具有杀灭苍蝇、蚊子、蟑螂、臭虫和螨虫等影响卫生的害虫的功能涂料，同时兼具装饰性。经卫生防疫站检测证明，长期使用杀虫环保涂料对人畜无害，因为杀虫环保涂料是通过接触性杀虫，而不是气味熏杀。该涂料产品

与普通涂料产品一样，可采取喷涂、辊涂、刷涂施工，耐擦洗而不影响杀虫效果。

涂料的研究和发展方向越来越明确，就是寻求 VOC 不断降低，直至为零的涂料，而且其使用范围要尽可能宽、使用性能优越、设备投资适当等。因而水基涂料、粉末涂料、无溶剂涂料等可能成为将来涂料发展的主要方向。

5.3 绿色建筑材料评价标准

【学习目标】

掌握绿色住宅建筑节材评价标准和绿色公共建筑节材评价标准。

1. 绿色住宅建筑节材评价标准

1) 控制项

(1) 建筑材料中有害物质的含量符合现行国家标准 GB 18580～GB 18588 和《建筑材料放射性核素限量》(GB 6566)的要求。

(2) 建筑造型要素简约，无大量装饰性构件。

2) 一般项

(1) 施工现场 500 千米以内生产的建筑材料重量占建筑材料总重量的 70%以上。

(2) 现浇混凝土采用预拌混凝土。

(3) 建筑结构材料合理采用高性能混凝土、高强度钢。

(4) 将建筑施工、拆除旧建筑和清理场地时产生的固体废弃物分类处理，并将其中可再利用材料、可再循环材料回收再利用。

(5) 在建筑设计选材时考虑使用材料的可再循环使用性能。

在保证安全和不污染环境的情况下，可再循环材料使用重量占所用建筑材料总重量的10%以上。

(6) 土建与装修工程一体化设计施工，不破坏和拆除已有的建筑构件及设施。

(7) 在保证性能的前提下，使用以废弃物为原料生产的建筑材料，其用量占同类建筑材料的比例不低于 30%。

3) 优选项

(1) 采用资源消耗和环境影响小的建筑结构体系。

尽量选用资源消耗和环境影响小的建筑结构体系，主要包括钢结构体系、砌体结构体系、木结构、预制混凝土结构体系。砖混结构、钢筋混凝土结构体系所用材料在生产过程中大量使用黏土、石灰石等不可再生资源，对资源的消耗很大，同时会排放大量 CO_2 等污染物。

(2) 可再利用建筑材料的使用率大于 5%。

2. 绿色公共建筑节材评价标准

1) 控制项

(1) 建筑材料中有害物质含量符合现行国家标准 GB18580～GB18588 和《建筑材料放射性核素限量》(GB 6566)的要求。

(2) 建筑造型要素简约，无大量装饰性构件。

2) 一般项

(1) 施工现场 500 千米以内生产的建筑材料重量占建筑材料总重量的 60%以上。

(2) 现浇混凝土采用预拌混凝土。

(3) 建筑结构材料合理采用高性能混凝土、高强度钢。

(4) 将建筑施工、拆除旧建筑和清理场地时产生的固体废弃物分类处理并将其中可再利用材料、可再循环材料回收再利用。

(5) 在建筑设计选材时考虑材料的可循环使用性能。在保证安全和不污染环境的情况下，可再循环材料使用重量占所用建筑材料总重量的 10%以上。

(6) 土建与装修工程一体化设计施工，不破坏和拆除已有的建筑构件及设施，避免重复装修。

(7) 办公、商场类建筑室内采用灵活隔断，减少重新装修时的材料浪费和垃圾产生。

(8) 在保证性能的前提下，使用以废弃物为原料生产的建筑材料，其用量占同类建筑材料的比例不低于 30%。

3) 优选项

(1) 采用资源消耗和环境影响小的建筑结构体系。

(2) 可再利用建筑材料的使用率大于 5%。

本 章 实 训

1. 实训内容

进行建筑节材工程的设计实训(指导教师选择一个真实的工程项目或学校实训场地，带学生实训操作)，熟悉建筑节材工程的基本知识，从节材设计、绿色材料选用、节材效果分析等全过程模拟训练，熟悉建筑节材工程技术要点和国家相应的规范要求。

2. 实训目的

通过课堂学习结合课下实训，让学生熟练掌握建筑节材工程技术和国家相应的规范要求。提高学生进行建筑节材工程技术应用的综合能力。

3. 实训要点

(1) 培养学生通过对建筑节材工程技术的运行与实训，加深对建筑节材工程国家标准的理解，掌握建筑节材工程设计要点，进一步加强对专业知识的理解。

(2) 分组制订计划与实施。培养学生的团队协作能力，获取建筑节材工程技术和经验。

4. 实训过程

1) 实训准备要求

(1) 做好实训前相关资料查阅，熟悉建筑节材工程有关的规范要求。

(2) 准备实训所需的工具与材料。

2) 实训要点

(1) 实训前做好交底。

(2) 制订实训计划。

(3) 分小组进行，小组内部分工合作。

3) 实训操作步骤

(1) 按照建筑节材要求，选择建筑节材方案。

(2) 进行建筑节材方案设计。

(3) 进行建筑节材性能分析。

(4) 做好实训记录和相关技术资料整理。

(5) 进行小组互评和最终评定。

4) 教师指导点评和疑难解答

5) 实地观摩

6) 进行总结

5. 实训项目基本步骤表

步　骤	教师行为	学生行为
1	交代工作任务背景，引出实训项目	(1) 分好小组
2	布置建筑节材工程实训应做的准备工作	(2) 准备实训工具、材料和场地
3	使学生明确建筑节材工程设计实训的步骤	
4	学生分组进行实训操作，教师巡回指导	完成建筑节材工程实训全过程
5	结束指导点评实训成果	自我评价或小组评价
6	实训总结	小组总结并进行经验分享

6. 项目评估

项目技能	技能达标分项	备　注
项目：		指导老师：
建筑节材工程	1. 方案完善　　　　　　得 0.5 分 2. 准备工作完善　　　　得 0.5 分 3. 设计过程准确　　　　得 1.5 分 4. 设计图纸合格　　　　得 1.5 分 5. 分工合作合理　　　　得 1 分	根据职业岗位所需和技能要求，学生可以补充完善达标项
自我评价	对照达标分项　　　得 3 分为达标 对照达标分项　　　得 4 分为良好 对照达标分项　　　得 5 分为优秀	客观评价
评议	各小组间互相评价 取长补短，共同进步	提供优秀作品观摩学习

自我评价_____　　　　　个人签名_____

小组评价　达标率_____　　　组长签名_____

　　　　　良好率_____

　　　　　优秀率_____

　　　　　　　　　　　　　　　　　　　　　　　　　年　　　月　　　日

本 章 总 结

　　绿色建筑材料是指采用清洁生产技术，不用或少用天然资源和能源，大量使用工农业或城市固态废物生产的无毒害、无污染、无放射性，达到使用周期后可回收利用，有利于环境保护和人体健康的建筑材料。

　　绿色建筑材料选用应保证对各种资源，尤其是非再生资源的消耗尽可能低。尽可能使用生产能耗低、可以减少建筑能耗以及能够充分利用绿色能源的建筑材料。尽可能选用对环境影响小的建筑材料。尽可能就近取材，减少运输过程中的能耗和环境污染。提高旧建材的使用率。严格控制室内环境质量，尽量达到有害物质零排放。

　　生态水泥主要是指在生产和使用过程中尽量减少对环境影响的水泥，如利用生活垃圾的焚烧灰和下水道污泥的脱水干粉作为原料生产的水泥。

　　绿色混凝土应具有比传统混凝土更高的强度和耐久性，可以实现非再生性资源的可循环使用和有害物质的最低排放，既能减少环境污染，又能与自然生态系统协调共生。

　　墙体自保温系统是指按照一定的建筑构造，采用节能型墙体材料及配套专用砂浆使墙体热工性能等物理性能指标符合相应标准的建筑墙体保温隔热系统。

所谓"绿色涂料"是指节能、低污染的水性涂料、粉末涂料、高固体含量涂料(或称无溶剂涂料)和辐射固化涂料等。

绿色建筑节材与材料资源利用评价标准包括绿色住宅建筑节材评价标准和绿色公共建筑节材评价标准。

本 章 习 题

1. 什么是绿色建筑材料？绿色建材应满足哪些性能？
2. 绿色建材与传统建材的区别有哪些？
3. 绿色建材有何特征？
4. 简述绿色建材的选用原则。
5. 何谓生态水泥？生态水泥有哪些？
6. 何谓绿色混凝土？绿色混凝土有哪些？
7. 何谓加气混凝土砌块？加气混凝土砌块有何特点？
8. 何谓保温材料？常用保温材料有哪些？
9. 何谓自保温墙体？有哪些基本构造？
10. 何谓生态玻璃？常用生态玻璃有哪些？
11. 何谓绿色涂料？常用绿色涂料有哪些？
12. 绿色建筑节材评价标准包括哪些内容？

第6章 室内环境质量

【内容提要】

本章以室内环境为对象，主要讲述室内空气质量的基本概念、绿色建筑空气环境保障技术、室内环境的评价标准等内容，并在实训环节提供室内环境专项技术实训项目，作为本章的实践训练项目，以供学生训练。

【技能目标】

- 通过对室内空气质量概述的学习，巩固已学的相关室内空气质量的基本知识，了解室内空气质量的概念、现状、建筑室内空气环境问题的起因和不同污染物的来源，了解室内空气质量与人体健康。

- 通过对绿色建筑空气环境保障技术的学习，掌握污染源控制手段、室内通风技术和室内空气净化技术。

- 通过对绿色建筑声环境及其保障技术的学习，掌握绿色住宅建筑室内声环境和降噪保障措施。

- 通过对室内环境的评价标准的学习，掌握绿色建筑室内环境的评价标准。

本章是为了全面训练学生对室内环境质量的掌握能力、检查学生对室内环境质量知识的理解和运用程度而设置的。

【项目导入】

随着经济社会的发展和人民生活水平的提高，在改善居住条件时，大家习惯于考虑住房的位置、环境、交通是否方便，再就是住房的面积、实用方便性和是否美观。20世纪70年代爆发了全球性能源危机，一些发达国家在建筑物设计方面为了节省能源，导致室内通风不足，室内环境状况恶化，出现了"军团病"和"致病建筑物综合征"。急性传染性非典型肺炎(SARS)的突然爆发主要源于室内传播；H1N1禽流感及超级细菌的出现，都说明室内环境健康的重要性。除在医院传播外，有些疾病是在家里居室由病人或病毒携带者传播给家人。因此，"健康家居"的新概念突显出重要意义，家居应将健康放在首位。

6.1　室内空气质量概述

【学习目标】

了解室内空气质量的概念、现状，建筑室内空气环境问题的起因和不同污染物的来源，了解室内空气质量与人体健康。

1. 室内空气质量的基本概念

(1) 室内空气质量(IAQ，Indoor Air Quality)，指室内空气中与人体健康有关的物理、化学、生物和放射性参数。

(2) 可吸入颗粒物(PM10)，指悬浮在空气中，空气动力学当量直径小于或等于10μm的颗粒物。

(3) 挥发性有机化合物(VOC，Volatile Organic Compounds)，任何能参加大气光化学反应的有机化合物，包括香烃(苯、甲苯、二甲苯)、酮类和醛类、胺类、卤代类、硫代烃类、不饱和烃类等。

2. 建筑室内空气环境现状

人生约有80%的时间是在建筑物内度过的，呼吸的空气主要来自室内，与室内污染物接触的机会和时间均多于室外。

室内污染物的来源和种类日趋增多，造成室内空气污染程度在室外空气污染的基础上更加重了一层。建筑物内部家具、装饰材料散发出大量有毒、有害气体。

为了节约能源，现代建筑物密闭化程度增加，由于中央空调换气设施不完善，致使室内污染物不能及时排出室外，造成室内空气质量的恶化。引发"空调病"、"大楼并发症"、"富贵病"、"军团病"等"病态建筑综合征"的问题日益严重，头痛，眼、鼻、喉的疼、痒，咳嗽，免疫力下降。

美国国家环保局将空气品质问题列为当今五大环境健康威胁之一。

3. 建筑室内空气环境问题的起因

1) 室内空气污染的概念

室内空气污染是指在室内空气正常成分之外，又增加了新的成分，或原有的成分增加，其数量、浓度和持续时间超过了室内空气的自净能力，而使空气质量发生恶化，对人们的健康和精神状态、生活、工作等方面产生影响的现象。

2) 室内空气污染的分类

(1) 根据性质分有物理、化学、生物和放射性污染。

(2) 根据其存在状态分有颗粒物和气态污染物。

(3) 根据来源分有室内和室外两部分。

化学污染是室内的主要污染，据统计，至今已发现的室内空气化学污染物有 500 多种，其中挥发性有机化合物达 307 种。

3) 室内空气污染的成因

(1) 建筑装饰装修材料及家具的污染。

(2) 建筑施工过程带来的污染。

(3) 人活动带来的污染。

(4) 加热、通风和空调系统也是空气污染物的来源之一，尤其是维护不当时，如过滤器被污染后，将导致颗粒污染物的再释放，系统处于潮湿环境中将导致微生物污染物的增值，并扩散到整个建筑物中。

4) 室内空气污染的来源

室内空气污染的来源主要有消费品和化学品的使用、建筑和装饰材料以及个人活动等。

(1) 各种燃料燃烧、烹调及吸烟产生的 CO、NO_2、SO_2、可吸入颗粒物、甲醛、多环芳烃等。

(2) 建筑、装饰材料、家具和家用化学品释放的甲醛和挥发性有机化合物(VOCs)、氡及其子体等。

(3) 家用电器和某些办公用具导致的电磁辐射等物理污染和臭氧等化学污染。

(4) 通过人体呼出气、汗液、大小便等排出的 CO_2、氨类化合物、硫化氢等内源性化学污染物，呼出气中排出的苯、甲苯、苯乙烯等外源性污染物；通过咳嗽、打喷嚏等喷出的流感病毒、结核杆菌、链球菌等生物污染物。

(5) 室内用具产生的生物性污染，如在床褥、地毯中滋生的尘螨等。

5) 室外空气污染的来源

室外空气污染的来源主要有以下几方面。

(1) 室外空气中的各种污染物包括工业废气和汽车尾气通过门窗、孔隙等进入室内。

(2) 人为带入室内的污染物，如干洗后带回家的衣服，可释放出残留的干洗剂四氯乙烯和三氯乙烯，将工作服带回家中，可使工作环境中的苯进入室内等。

(3) 在我国北方冬季施工期，施工单位为了加快混凝土的凝固速度和防冻，往往在混凝土中加入高碱混凝土膨胀剂和含尿素的混凝土防冻剂等外加剂。建筑物投入使用后，随着

夏季气温升高，氨会从墙体中缓慢释放出来，造成室内空气氨浓度严重超标，并且氨的释放持续多少年目前尚难确定。

4. 室内不同污染物的来源

1) 化学污染的来源

化学污染物主要包括 CO、CO_2、NO_x、SO_2、NH_3、臭氧 O_3、甲醛、苯系物、挥发性有机物 TVOC 等。

CO 来源于室内燃料的不完全燃烧。

CO_2 来源于室内燃料燃烧及代谢活动(人的呼出气和生物的发酵)等。

NO_x 来源于室内燃料燃烧。

SO_2 来源于室内燃料燃烧。

NH_3 来源于代谢活动如人体分泌物及代谢物，建筑主体结构中加入的防冻剂、胶粘剂，烫发剂等。

臭氧 O_3 主要由室内使用紫外灯、负离子发生器、复印机、电视机等产生。

甲醛主要来源于室内建筑物使用脲醛树脂、酚醛树脂泡沫塑料隔热材料、家具(使用刨花板、纤维板、胶合板等制作)、墙面(塑料壁纸)、地面装饰材料(地板革、化纤地毯等)、使用含甲醛的黏合剂以及涂料和油漆、纺织纤维(挂毯、窗帘等)、烹调或取暖用的各种燃料燃烧、烟草烟雾、化妆品、清洁剂、杀虫剂、防腐剂、使用甲醛消毒、办公用品(印刷油墨)等。

苯系物主要来源于室内装饰材料，例如，油漆、涂料、胶粘剂等。

挥发性有机物 TVOC 来源包括苯系物、室内装饰用品、燃料燃烧、烹饪、环境烟草烟雾、化妆品等。

2) 颗粒物污染的来源

颗粒物按性质分为化学性颗粒物和生物性颗粒物，按粒径可分为粗颗粒物和细颗粒物。主要来源于燃料燃烧、环境烟草烟雾、尘螨、动物皮毛屑、室内通风、空调系统(产生真菌)、加湿器(产生细菌，包括其抗毒素和内毒素)等。

3) 微生物污染的来源

(1) 室外空气中微生物。室外空气中微生物主要来源于土壤、植物、地面水、动物以及人类的生产生活活动。

土壤中含有微生物的颗粒随风扩散。

人类所从事的工业生产、农业生产、交通运输等活动可使含微生物的粒子和尘埃进入空气中。

液体气溶胶来源于地面水的流动、撞击等，人类的生产、生活活动也可产生液体气溶胶，如污水排放、污水曝气处理等。

(2) 室内空气中微生物。室内空气中微生物的产生主要是由于人在室内的活动使各种微生物进入到空气中。

病人或病原体携带者将病原微生物排入空气中，会造成疾病流行。

病人和病原携带者咳嗽或打喷嚏将病原体排入空气中是造成室内空气污染的主要原因。

咳嗽可使口腔中唾液和鼻腔中的分泌物形成飞沫。较大的飞沫在蒸发之前降落到地面，较小的飞沫可在短时间内蒸发形成飞沫核，直径 $1\mu m$ 的飞沫核在空气中悬浮时间可达几小时。病人和病原携带者打喷嚏时可将大量飞沫排入空气中，造成室内空气微生物污染，说话时也可形成飞沫并排入空气中。

4) 放射性污染物来源

放射性污染主要是氡。氡由放射性元素镭衰变产生，镭来源于铀，只要有铀、镭的地方就会源源不断地产生氡气。室内氡的来源与很多因素有关。

土壤和岩石是氡的主要来源。土壤或岩石中都含有一定量的镭，镭衰变释放出氡气。而且浓度比地面空气高 1000 倍，不可避免地要释放到大气中。建筑物周围和地基土壤中氡气可以通过扩散或渗流进入室内，有研究表明建筑物地基和周围土壤的氡占室内氡的 60%，主要对三楼以下的建筑物产生影响。

建筑材料是氡的另一个来源。花岗岩、炭质岩、浮石、明矾石和含磷的一些岩石中铀、镭的含量较高。

使用地下水和地热水。氡易溶于水，使用这些水氡会释放出来。

天然气燃烧的过程会将氡释放到室内，但占的比例不是很大。

室内空气污染物与主要来源如表 6.1 所示。

表 6.1　室内空气污染物与主要来源

项　目	空调系统	室内装饰材料	人　体	吸　烟	厨房浴厕	室外空气
尘埃粒子	★	★	★	★		★
硫氧化物					★	★
氮氧化物						★
一氧化碳			★		★	★
二氧化碳			★			
甲醛		★				
苯类		★				
细菌	★		★		★	★
霉菌	★		★		★	
异味	★		★	★	★	
香烟烟雾				★		
焦油				★		
氡		★				

5. 室内空气质量与人体健康

1) 化学污染对健康的影响

(1) 燃烧产物对人体健康的影响。主要表现为对呼吸系统的影响，引起呼吸功能下降，呼吸道症状增加，严重的可导致慢性支气管炎、哮喘、肺气肿等气道阻塞型疾病恶化和死

亡率增高，以及肺癌患病率增加。燃烧产物主要来源包括燃料燃烧、烹调油烟、环境烟草等。

(2) 装修污染对人体健康的影响。主要表现为各种刺激作用，如对眼、鼻黏膜、咽喉以及颈、头和面部皮肤的刺激，从而引起头昏、失眠、皮肤过敏、炎症反应以及神经衰弱等亚临床症状，严重的甚至导致各种疾病，包括呼吸、消化、神经、心血管系统疾病等。室内装饰材料释放的污染物以甲醛和挥发性有机物为主。

(3) 室内臭氧污染与人体健康。短期臭氧暴露后可出现肺功能水平极速降低，可对易感者的眼、鼻及咽部黏膜产生刺激。

(4) 室内空气二次污染与人体健康。二次污染主要因使用空调引起。在空调环境下工作人员容易出现疲乏、头疼、胸闷、恶心、嗜睡、易感冒等症状。另外，空调造成的二次污染还可引起"军团病"。不良建筑综合征指的是在建筑物内生活和工作时会出现的症状。主要表现为：注意力不集中，抑郁，嗜睡，疲劳，头痛，易感冒，胸闷，黏膜、皮肤、眼睛刺激等。一旦离开这种环境，症状会自然减轻或消失。

2) 微生物污染的健康危害

主要是人类呼吸道传染病的传播。呼吸道传染病包括一大类由病毒、细菌、支原体等病原微生物引起的急性和慢性呼吸系统疾病，发病率和死亡率都很高。空气传播是该类疾病的主要传播途径。如结核病、军团病、水痘、麻疹和流感等。

3) 放射性污染的健康危害

主要是氡的危害。环境中氡对人体健康影响是一个非常复杂的问题，主要研究它的致癌性。

6.2　绿色建筑空气环境保障技术

【学习目标】

掌握污染源控制手段、室内通风技术和室内空气净化技术。

绿色建筑空气环境保障技术包括污染源控制、通风和室内空气净化等。

污染源控制是指从源头着手避免或减少污染物的产生，或利用屏障设施隔离污染物，不让其进入室内环境。

通风是借助自然作用力或机械作用力将不符合卫生标准的被污染的空气排放至室外或排至空气净化系统，同时将新鲜的空气或净化后的空气送入室内。

室内空气净化是利用特定的净化设备将室内被污染的空气净化后循环回到室内或排至室外。

1. 污染源控制

污染源控制方法如下。

(1) 注意所用材料的最优组合(包括板材、涂料、油漆等)，要使材料的质量符合国标要

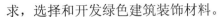

求，选择和开发绿色建筑装饰材料。

(2) 提倡接近自然的装修方式，尽量少用各种化学及人工材料，尽量不要过度装修。

(3) 在施工过程中，通过工艺手段对建筑材料进行处理，以减少污染。

(4) 在室内减少吸烟，进行燃具改造。

(5) 减少气雾剂、化妆品的使用。

(6) 控制能够给环境带来污染的材料、家具进入室内。

2. 加强室内通风换气，提高新风稀释效应

室内通风措施如下。

(1) 通新风。开窗通风换气、机械通风，通风换气是改善室内空气质量最简单、经济、有效的措施，当室内平均风速满足通风率的要求时，可减少甲醛的蓄积。

(2) 合理使用空调。利用空调器的附加功能，如负离子发生器、高效过滤等，对改善室内空气品质有一定的作用，但所起的作用有限，不能完全依赖它。

(3) 保证新风量、新风换气次数、最小新风比。

确定新风量需考虑的因素有以下几点。

① 以室内 CO_2 允许浓度为标准的必要换气量。CO_2 浓度与人体表面积、代谢情况有关。

② 以氧气为标准的必要换气量。人体对氧气需求主要取决于代谢水平。

③ 以消除臭气为标准的必要换气量。人体释放体臭，与人所占的空气体积、活动情况、年龄等有关。

3. 室内空气净化

室内空气净化的方法主要包括空气过滤、吸附方法、紫外灯杀菌、静电吸附、纳米材料光催化、等离子放电催化、臭氧消毒灭菌、利用植物净化等。

1) 空气过滤去除悬浮颗粒物

过滤器主要功能是处理空气中的颗粒污染。常见误解为过滤器像筛子一样，只有当悬浮在空气中的颗粒粒径比滤网的孔径大时才能被过滤掉。其实，过滤器和筛子的工作原理大相径庭。空气过滤的原理主要包括以下几点。

(1) 截留效应。粒径小的粒子惯性小，粒子不脱离流线，在沿流线运动时，可能接触到纤维表面而被截留($>0.5\mu m$)。

(2) 惯性效应。粒子在惯性作用下，脱离流线而碰到纤维表面($>0.5\mu m$)。

(3) 扩散效应。随主气流掠过纤维表面的小粒子，可能在类似布朗运动的位移时与纤维表面接触($\leqslant 0.3\mu m$)。

(4) 重力作用。尘粒在重力作用下，产生脱离流线的位移而沉降到纤维表面上。($50\sim 100\mu m$ 以上)

(5) 静电效应。由于气体摩擦和其他原因，可能使粒子或纤维带电。

过滤器的性能包括过滤效率、压力损失、容尘量。过滤器按照过滤器性能可分为以下几种。

(1) 初效过滤器。滤材多为玻璃纤维、人造纤维、金属丝网、粗孔聚氨酯泡沫塑料。

(2) 中效过滤器。滤材为较小的玻璃纤维、人造纤维合成的无纺布、中细孔聚乙烯泡沫塑料。

(3) 高效过滤器。滤材为超细玻璃纤维或合成纤维，加工成纸状，称为滤纸。

2) 活性炭吸附气体污染物

吸附对于室内 VOCs 和其他污染物是一种比较有效而又简单的消除技术。目前比较常用的吸附剂是活性炭。固体材料吸附能力的大小和固体的比表面积(即 1g 固体的表面积)有关系，比表面积越大，吸附能力越强。

吸附是由于吸附质和吸附剂之间的范德华力(电性吸引力)而使吸附质聚集到吸附剂表面的一种现象。吸附分为物理吸附和化学吸附两类。物理吸附属于一种表面现象，其主要特征为：①吸附质和吸附剂之间不发生化学反应；②对所吸附的气体选择性不强；③吸附过程快，参与吸附的各相之间瞬间达到平衡；④吸附过程为低放热反应过程，放热量比相应气体的液化潜热稍大；⑤吸附剂与吸附质间吸附力不强，在条件改变时可脱附。

活性炭纤维是 20 世纪 60 年代发展起来的一种活性炭新品种。它含大量微孔，其体积占了总孔体积的 90%左右，因此有较大的比表面积，多数为 $500\sim800\text{m}^2/\text{g}$。

与粒状活性炭相比，活性炭纤维吸附容量大，吸附或脱附速度快，再生容易，不易粉化，不会造成粉尘二次污染。对无机气体(如 SO_2、H_2S、NO_x 等)和有机气体(如 VOCs)都有很强的吸附能力，特别适用于吸附去除 $10^{-9}\sim10^{-6}\text{g/m}^3$ 量级的有机气体，在室内空气净化方面有广阔的应用前景。

活性炭的吸附性能如表 6.2 所示。

表 6.2 活性炭的吸附性能表

物质名称	SO_2	CO_2	CS_2	C_6H_6(苯)	O_3	烹调臭味	厕所臭味
饱和吸附量(%)	10	15	15	24	能还原为 O_2	30	30

普通活性炭对分子量小的化合物(如氨、硫化氢和甲醛)吸附效果较差，对这类化合物，一般采用浸渍高锰酸钾的氧化铝作为吸附剂，空气中的污染物在吸附剂表面发生化学反应，因此，这类吸附称为化学吸附，吸附剂称为化学吸附剂。浸渍高锰酸钾的氧化铝和活性炭吸附效果比较见表 6.3。

表 6.3 浸渍高锰酸钾的氧化铝和活性炭对一些空气污染物吸附效果比较表

吸附量(%)	NO_2	NO	SO_2	甲醛	HS	甲苯
浸渍高锰酸钾的氧化铝	1.56	2.85	8.07	4.12	11.1	1.27
活性炭	9.15	0.71	5.35	1.55	2.59	20.96

3) 紫外灯杀菌 (Ultraviolet Germicidal Irradiation，UVGI)

紫外辐照杀菌是常用的空气杀菌方法，在医院已被广泛使用。与高效过滤器相比，风道中采用紫外杀菌法，空气阻力小。紫外光谱分为 UVA(320～400nm)、UVB(280～320nm)和 UVC(100～280nm)，波长短的 UVC 杀菌能力较强。185nm 以下的辐射会产生臭氧。

一般紫外灯安置在房间上部，不直接照射人，空气受热源加热向上运动缓慢进入紫外辐照区，受辐照后的空气再下降到房间的人员活动区，在这一过程中，细菌和病毒会不断被降低活性，直至灭杀。

紫外灯杀菌需要一定的作用时间，一般细菌在受到紫外灯发出的辐射数分钟后才死亡。

4) 静电吸附

静电吸附工作原理是：含有粉尘颗粒的气体在接有高压直流电源的阴极线(又称电晕极)和接地的阳极板之间所形成的高压电场通过时，由于阴极发生电晕放电，气体被电离，此时，带负电的气体离子在电场力的作用下向阳极运动，在运动中与粉尘颗粒相碰，则使尘粒荷以负电，荷电后的尘粒在电场力的作用下，亦向阳极运动，到达阳极后，放出所带的电子，尘粒则沉积于阳极板上，而得到净化的气体排出防尘器外。通俗地讲，就是高压静电形成的电场磁力吸附空气中的灰尘，减少灰尘而净化空气。但它不能直接杀死病毒、细菌，分解污染物。若积尘太多未清理或静电吸尘器效率下降，易造成二次污染。由于高压放电的缘故，需配置安全保护装置，在大型公共场所或对消毒条件要求较高的室内场所一般不宜使用。

5) 光催化降解 VOCs

光触媒是一种在光的照射下，自身不起变化，却可以促进化学反应的物质。光触媒是利用自然界存在的光能转换成为化学反应所需的能量，从而产生催化作用，使周围的氧气及水分子激发成极具氧化力的自由负离子。

光触媒对光源要求有以下两个方面。

(1) 一般在紫外光照射下 VOCs 才会发生光催化降解。

(2) 光催化反应器中采用的光源多为中压或低压汞灯。

紫外光谱分为： UVC(100～280nm) 、 UVB(280～320nm)、UVA(320～400nm)。杀菌紫外灯波长一般在 UVC 波段，特别在 254nm 附近。

6) 等离子体放电催化

等离子体放电催化是通过高压、高频脉冲放电形成非对称等离子体电场，使空气中大量等离子体之间逐级撞击产生电化学反应，对有毒有害气体及活体病毒、细菌等进行快速降解，从而高效杀毒、灭菌、去异味、消烟、除尘，且无毒害物质产生，被称为 21 世纪环境与健康科学最值得期待的高新技术。可人机共存，净化同时无须人员离开；节能降耗，同比可以节约 80%的电能；终身免拆洗。具有快速消杀病毒、超强净化能力、高效去除异味、消除静电、增加氧气含量等功能。

7) 臭氧杀菌消毒

臭氧，一种刺激性气体，是已知的最强的氧化剂之一，其强氧化性、高效的消毒作用使其在室内空气净化方面有着积极的贡献。

臭氧主要应用在灭菌消毒，它可即刻氧化细胞壁，直至穿透细胞壁与里面的不饱和键化合而杀死细菌，这种强的灭菌能力来源于其高的还原电位。

室内的电视机、复印机、激光印刷机、负离子发生器等在使用过程中会产生臭氧。

臭氧对眼睛、黏膜和肺组织都具有刺激作用，能破坏肺的表面活性物质，并能引起肺

水肿、哮喘等。因此，选用臭氧杀菌方式应特别注意。

紫外光照射、纳米光催化、等离子体放电催化和臭氧杀菌所需时间一般都为数分钟。

8) 利用植物净化空气

绿色植物除了能够美化室内环境外，还能改善室内空气品质。美国宇航局科学家威廉发现绿色植物对居室和办公室的被污染空气有很好的净化作用，24 小时照明条件下，以 $1m^3$ 空气计算，芦荟吸收了 90%的醛；90%的苯在常青藤中消失；龙舌兰则可吞食 70%的苯、50%的甲醛和 24%的三氯乙烯；吊兰能吞食 96%的一氧化碳、86%的甲醛。

威廉又做了大量的实验证实绿色植物吸入化学物质的能力来自于盆栽土壤中的微生物，而不主要是叶子。与植物同时生长在土壤中的微生物在经历代的遗传后，其吸收化学物质的能力还会加强。可以说绿色植物是普通家庭都能用得起的空气净化器。

有些植物还可以作为室内空气污染物的指示物，例如：

紫花苜蓿：在 SO_2 浓度超过 0.3PPM 时，接触一段时间，就会出现受害的症状；

贴梗海棠：在 0.5ppm 的臭氧中暴露半小时就会有受害反应；

香石竹、番茄：在浓度为 0.05～0.1PPM 的乙烯下生活几个小时，花萼就会发生异常现象。

利用植物对某些环境污染物进行检测是简单而灵敏的。

6.3 绿色建筑声环境及其保障技术

【学习目标】

掌握绿色住宅建筑室内声环境和降噪保障措施。

1. 基本概念

1) 建筑声环境
指室内音质问题以及振动和噪声控制问题。

2) 理想的声学环境
(1) 需要的声音(讲话、音乐)能高度保真。
(2) 不需要的声音(噪声)不会干扰人的工作、学习和生活。

3) 建筑声环境质量保证目的和措施
(1) 创造一个良好的室内外声学环境。
(2) 针对振动和噪声的控制。

2. 小区声环境污染

生态小区声环境污染包括室外声环境污染和室内声环境污染。

造成室外声环境污染的噪声源主要有：交通噪声、工业噪声、施工噪声及社会噪声。如生态小区邻近铁路、公路(含高速公路)、城市主干道(含城市高架、轻轨等)就可能由交通噪声对小区造成声污染；如生态小区邻近高噪声工厂(或车间)就可能由工业噪声对小区造成声污染；邻近生态小区的建筑工地施工就可能对小区造成施工噪声污染；如生态小区邻近舞厅、卡拉 OK 厅、体育场(观众观看比赛时的欢呼声)、学校操场(广播体操)，以及街头群众自娱自乐的活动，均可能对小区造成社会噪声污染。

生态小区室内声环境污染的噪声源主要是：从分户墙、楼板及分户门传入的邻室或楼梯间的讲话声、音乐声、家用电器产生的噪声及各种撞击声；高层住宅电梯运行时产生的噪声；有时还有抽水马桶及污水管道排污时产生的噪声。

3．噪声的控制技术

1) 噪声控制的基本原理和方法

(1) 房间的吸声减噪。

室内有噪声源的房间，人耳听到的是直达声和房间壁多次反射形成的混响声。

房间吸声减噪量的确定方法：噪声声压级大小与分布取决于房间的形状、各界面材料和家具设备的吸声特性以及噪声源的性质和位置等因素。

房间吸声减噪法的使用原则：a.室内原有平均吸声系数较小时，应用吸声减噪法收效最大。对于室内原有吸声量较大的房间效果不大。b.吸声减噪法仅能减少反射声，因此吸声处理一般只能取得 4～12dB 的降噪效果。c.靠近声源且直达声占支配地位的场所，吸声减噪法不会得到理想的降噪效果。

(2) 减振和隔振。

在仪器和基础设备之间加入弹性元件，以减弱振动传递，如空调主机的避震喉。隔振器有橡胶隔震器、金属弹簧、空气弹簧等。隔震垫有橡胶隔震垫、软木、酚醛树脂玻璃纤维板和毛毡等。

阻尼减震。由于阻尼作用，将一部分振动能量转变为热能从而使振动和噪声降低。做法是在金属板上涂阻尼材料。阻尼材料和阻尼减震措施具有很高的损耗因子，如沥青、天然橡胶、合成橡胶、涂料、高分子材料等。

(3) 隔声原理和隔音措施。

① 把发声的物体封闭在小空间内，如把鼓风机、空压机、发电机、水泵封闭在控制室或操作室内。

② 采用隔声墙、楼板、门、窗。

③ 工艺设备采用隔声罩。

2) 噪声控制的途径

(1) 降低声源噪声。

降低声源噪声辐射是控制噪声根本和有效的措施。声源处即使局部地减弱了辐射强度，也可使在中间传播途径中接收处的噪声控制工作大大简化。我们可通过改进结构设计、改进加工工艺、提高加工精度、吸声、隔声、减振、安装消声器等控制声源。

(2) 在传播路径上降低噪声。

利用噪声在传播中的自然衰减作用使噪声源远离安静的地方。

声源的辐射一般有指向性，因此控制噪声的传播方向是降低高频噪声的有效措施。

建立隔声屏障或利用隔声材料和隔声结构来阻挡噪声的传播。

应用吸声材料和吸声结构将传播中的声能吸收消耗掉。

对固体振动产生的噪声采取隔振措施，减弱噪声传播。

在建筑总图设计时，应按照"闹静分开"的原则对噪声源的位置合理布置。

(3) 接受点的噪声控制。

可采用佩戴护耳器(耳塞、耳罩、防噪头盔等)并且减少在噪声中暴露的时间。

(4) 掩蔽噪声。

利用电子设备产生的背景噪声来掩蔽令人讨厌的噪声，以解决噪声控制问题。这种人工噪声被比喻为"声学香料"，可以有效抑制突然干扰宁静气氛的声音。

通风系统、均匀交通或办公楼内正常活动的噪声都可以成为人工掩蔽噪声。

在有园林的办公室内，利用通风系统产生的相对较高而又使人易于接受的背景噪声，对掩蔽电话、办公机器和谈话声等噪声有好处，有助于创造一种适宜的宁静环境。

在分组教学的教室里，增加分布均匀的背景音乐，更有效地遮掩噪声。

咖啡厅、酒店大堂等背景音乐。

(5) 城市噪声控制。

城市噪声控制就是把影响建筑声环境的外部干扰降到最低。从建筑规划设计中避免交通噪声、工厂噪声。从技术角度利用临街建筑物作为后面建筑的防噪屏障，加装声屏障。从城市管理角度严格进行噪声管理，对居住区锅炉房、水泵房、变电站采取消声减噪措施，布置在小区边缘角落处，与住宅有适当的防护距离等。

3) 建筑物防噪主要措施

(1) 采取动静分区的原则进行建筑的平面布置和空间划分，如办公、居住空间不与空调机房、电梯间等设备用房相邻，减少对有安静要求房间的噪声干扰。

(2) 合理选用建筑围护结构构件，采取有效的隔声、减噪措施，保证室内噪声级和隔声性能符合《民用建筑隔声设计规范》(GBJ 118)的要求。

(3) 综合控制机电系统和设备的运行噪声，如选用低噪声设备，在系统、设备、管道(风道)和机房采用有效的减振、减噪、消声措施，控制噪声的产生和传播。

6.4 室内环境的评价标准

【学习目标】

掌握绿色住宅建筑室内环境评价标准和绿色公共建筑室内环境评价标准。

1. 绿色住宅建筑室内环境评价标准

1) 控制项

(1) 每套住宅至少有 1 个居住空间满足日照标准的要求。当有 4 个及 4 个以上居住空间时，至少有 2 个居住空间满足日照标准的要求。

(2) 卧室、起居室(厅)、书房、厨房设置外窗，房间的采光系数不低于现行国家标准《建筑采光设计标准》(GB/T 50033)的规定。

(3) 对建筑围护结构采取有效的隔声、减噪措施。卧室、起居室的允许噪声级在关窗状态下白天不大于 45 dB(A)，夜间不大于 35 dB(A)。楼板和分户墙的空气声计权隔声量不小于 45dB，楼板的计权标准化撞击声声压级不大于 70dB。户门的空气声计权隔声量不小于 30dB；外窗的空气声计权隔声量不小于 25dB，沿街时不小于 30dB。

(4) 居住空间能自然通风，通风开口面积在夏热冬暖和夏热冬冷地区不小于该房间地板面积的 8%，在其他地区不小于 5%。

(5) 室内游离甲醛、苯、氨、氡和 TVOC 等空气污染物浓度符合现行国家标准《民用建筑室内环境污染控制规范》(GB 50325)的规定。

2) 一般项

(1) 居住空间开窗具有良好的视野，且避免住户间居住空间的视线干扰。当一套住宅设有 2 个及 2 个以上卫生间时，至少有 1 个卫生间设有外窗。

(2) 屋面、地面、外墙和外窗的内表面在室内温度、湿度设计条件下无结露现象。

(3) 在自然通风条件下，房间的屋顶和东、西外墙内表面的最高温度满足现行国家标准《民用建筑热工设计规范》(GB 50176)的要求。

(4) 设采暖或空调系统(设备)的住宅，运行时用户可根据需要对室温进行调控。

(5) 采用可调节外遮阳装置，防止夏季太阳辐射透过窗户玻璃直接进入室内。

(6) 设置通风换气装置或室内空气质量监测装置。

3) 优选项

卧室、起居室(厅)使用蓄能、调湿或改善室内空气质量的功能材料。目前较为成熟的这类功能材料包括空气净化功能纳米复相涂覆材料、产生负离子的功能材料、稀土激活保健抗菌材料、湿度调节材料、温度调节材料等。

2. 绿色公共建筑室内环境评价标准

1) 控制项

(1) 采用集中空调的建筑，房间内的温度、湿度、风速等参数符合现行国家标准《公共建筑节能设计标准》(GB 50189)中的设计计算要求。

采暖通风与空气调节设计规范中规定，舒适性空调的室内设计参数如表 6.4 所示。

表 6.4　舒适性空调的室内设计参数

季　节	温　度	相对湿度	风　速
夏季	24～28℃	40%～65%	≤0.3 m/s
冬季	18～22℃	40%～60%	≤0.2 m/s

(2) 建筑围护结构内部和表面无结露、发霉现象。

(3) 采用集中空调的建筑，新风量符合现行国家标准《公共建筑节能设计标准》(GB 50189)的设计要求。

(4) 室内游离甲醛、苯、氨、氡和 TVOC 等空气污染物浓度符合现行国家标准《民用建筑工程室内环境污染控制规范》(GB 50325)中的有关规定，如表 6.5 所示。

表 6.5 民用建筑工程室内环境污染物浓度限量

污 染 物	Ⅰ类民用建筑工程	Ⅱ类民用建筑工程
氡/(Bq/m³)	≤200	≤400
甲醛/(mg/m³)	≤0.08	≤0.1
苯/(mg/m³)	≤0.09	≤0.09
氨/(mg/m³)	≤0.2	≤0.2
TVOG/(mg/m³)	≤0.5	≤0.6

注：1. 表中污染物浓度限量，除氡外均指室内测量值扣除同步测定的室外上风向空气测量值(本底值)后的测量值。

2. 表中污染物浓度测量值的极限值判定采用全数值比较法。

说明：Ⅰ类民用建筑工程：住宅、医院、老年建筑、幼儿园、学校教室等民用建筑工程；

Ⅱ类民用建筑工程：办公楼、商店、旅馆、文化娱乐场所、书店、图书馆、展览馆、体育馆、公共交通等候室、餐厅、理发店等民用建筑工程。

(5) 宾馆和办公建筑室内背景噪声符合现行国家标准《民用建筑隔声设计规范》(GBJ 118)中室内允许噪声标准中的二级要求，如表 6.6 所示。商场类建筑室内背景噪声水平满足现行国家标准《商场(店)、书店卫生标准》(GB 9670)的相关要求。

表 6.6 宾馆和办公建筑室内允许噪声标准

房间名称	允许噪声级(dB)			
	特 级	一 级	二 级	三 级
客房	≤35	≤40	≤45	≤55
会议室	≤40	≤45	≤50	
多用途大厅	≤40	≤45	≤50	—
办公室	≤45	≤50	≤55	
餐厅、宴会厅	≤50	≤55	≤60	—

(6) 建筑室内照度、统一眩光值、一般显色指数等指标满足现行国家标准《建筑照明设计标准》(GB 50034)中的有关要求。

2) 一般项

(1) 建筑设计和构造设计有促进自然通风的措施。

(2) 室内采用调节方便、可提高人员舒适性的空调末端。

(3) 宾馆类建筑围护结构构件隔声性能满足现行国家标准《民用建筑隔声设计规范》(GBJ 118)中的一级要求。

(4) 建筑平面布局和空间功能安排合理，减少相邻空间的噪声干扰以及外界噪声对室内的影响。

(5) 办公、宾馆类建筑 75%以上的主要功能空间室内采光系数满足现行国家标准《建筑采光设计标准》(GB/T 50033)的要求。

(6) 建筑入口和主要活动空间设有无障碍设施。

3) 优选项

(1) 采用可调节外遮阳，改善室内环境。

(2) 设置室内空气质量监控系统，保证健康舒适的室内环境。

(3) 采用合理措施改善室内或地下空间的自然采光效果。

3. 世界卫生组织(WHO)定义的"健康住宅"15 条标准

根据世界卫生组织的定义，健康住宅是指能够使居住者在身体上、精神上、社会上完全处于良好状态的住宅，健康住宅的 15 项标准如下。

(1) 会引起过敏症的化学物质的浓度很低。

(2) 为满足第一点的要求，尽可能不使用易散发化学物质的胶合板、墙体装修材料等。

(3) 设有换气性能良好的换气设备，能将室内污染物质排至室外，特别是对高气密性、高隔热性来说，必须采用具有管道的中央换气系统，定时换气。

(4) 在厨房灶具或吸烟处要设局部排气设备。

(5) 起居室、卧室、厨房、厕所、走廊、浴室等要全年保持在 17 至 27 摄氏度之间。

(6) 室内的湿度全年保持在 40%至 70%之间。

(7) 二氧化碳浓度要低于 1000PPM。

(8) 悬浮粉尘浓度要低于 0.15 毫克每平方米。

(9) 噪声要小于 50 分贝。

(10) 一天的日照确保在 3 小时以上。

(11) 设足够亮度的照明设备。

(12) 住宅具有足够的抗自然灾害的能力。

(13) 具有足够的人均建筑面积，并确保私密性。

(14) 住宅要便于护理老龄者和残疾人。

(15) 因建筑材料中含有有害挥发性有机物质，所有住宅竣工后要隔一段时间才能入住，在此期间要经常换气。

本 章 实 训

1. 实训内容

进行建筑室内环境质量的设计实训(指导教师选择一个真实的工程项目或学校实训场地，带学生进行实训操作)，熟悉建筑室内环境质量的基本知识，从污染源控制、通风设计和室内空气净化等全过程模拟训练，熟悉建筑室内环境质量技术要点和国家相应的规范要求。

2. 实训目的

通过课堂学习结合课下实训熟练掌握建筑室内环境质量和国家相应的规范要求。提高学生进行建筑室内环境质量应用的综合能力。

3. 实训要点

(1) 培养学生通过对建筑室内环境质量技术的运用与实训，加深对建筑室内环境质量国家标准的理解，掌握建筑室内环境质量设计要点，进一步加强对专业知识的理解。

(2) 分组制订计划与实施。培养学生的团队协作能力，获取建筑室内环境质量技术和经验。

4. 实训过程

1) 实训准备要求

(1) 做好实训前相关资料查阅，熟悉建筑室内环境质量有关的规范要求。

(2) 准备实训所需的工具与材料。

2) 实训要点

(1) 实训前做好交底。

(2) 制订实训计划。

(3) 分小组进行，小组内部分工合作。

3) 实训操作步骤

(1) 按照建筑室内环境质量要求，选择建筑室内环境方案。

(2) 进行建筑室内环境设计。

(3) 进行建筑室内环境质量性能分析。

(4) 做好实训记录和相关技术资料整理。

(5) 进行小组互评和最终评定。

4) 教师指导点评和疑难解答

5) 实地观摩

6) 进行总结

5. 实训项目基本步骤表

步　骤	教师行为	学生行为
1	交代工作任务背景，引出实训项目	(1) 分好小组
2	布置建筑室内环境质量实训应做的准备工作	(2) 准备实训工具、材料和场地
3	使学生明确建筑室内环境质量设计实训的步骤	
4	学生分组进行实训操作，教师巡回指导	完成建筑室内环境质量实训全过程
5	结束指导点评实训成果	自我评价或小组评价
6	进行实训总结	小组总结并进行经验分享

6. 项目评估

项目：		指导老师：
项目技能	**技能达标分项**	**备　注**
建筑室内环境	1. 方案完善　　　　　得 0.5 分 2. 准备工作完善　　　得 0.5 分 3. 设计过程准确　　　得 1.5 分 4. 设计图纸合格　　　得 1.5 分 5. 分工合作合理　　　得 1 分	根据职业岗位所需和技能要求，学生可以补充完善达标项
自我评价	对照达标分项　　得 3 分为达标 对照达标分项　　得 4 分为良好 对照达标分项　　得 5 分为优秀	客观评价
评议	各小组间互相评价 取长补短，共同进步	提供优秀作品观摩学习

自我评价＿＿＿＿＿＿＿＿＿＿　　　　　　个人签名＿＿＿＿＿＿＿＿＿

小组评价　达标率＿＿＿＿＿＿　　　　　　组长签名＿＿＿＿＿＿＿＿＿

　　　　　　良好率＿＿＿＿＿＿

　　　　　　优秀率＿＿＿＿＿＿

　　　　　　　　　　　　　　　　　　　　　　年　　　月　　　日

本 章 总 结

　　室内空气质量是指室内空气中与人体健康有关的物理、化学、生物和放射性参数。人生约有 80% 的时间是在建筑物内度过的，所呼吸的空气主要来自室内，与室内污染物接触的机会和时间均多于室外。

　　室内空气污染是指在室内空气正常成分之外，又增加了新的成分，或原有的成分增加，其数量、浓度和持续时间超过了室内空气的自净能力，从而使空气质量发生恶化，对人们的健康和精神状态、生活、工作等方面产生影响的现象。

　　绿色建筑空气环境保障技术包括污染源控制、通风和室内空气净化等。

　　污染源控制是指从源头着手避免或减少污染物的产生，或利用屏障设施隔离污染物，不让其进入室内环境。

　　通风是指借助自然作用力或机械作用力将不符合卫生标准的被污染的空气排放至室外或排至空气净化系统，同时将新鲜的空气或净化后的空气送入室内。

　　室内空气净化是利用特定的净化设备将室内被污染的空气净化后循环回到室内或排至室外。

生态小区声环境污染包括室外声环境污染和室内声环境污染。

绿色建筑室内环境质量评价标准包括绿色住宅建筑室内环境质量评价标准和绿色公共建筑室内环境质量评价标准。

本 章 习 题

1. 什么是室内空气质量？建筑室内空气环境现状如何？

2. 建筑室内空气环境问题的起因有哪些？

3. 室内不同污染物的来源分别有哪些？

4. 室内空气质量对人体健康有哪些危害？

5. 室内空气污染源控制方法有哪些？

6. 室内通风措施有哪些？

7. 物理吸附有何主要特征？

8. 静电吸附工作原理是什么？

9. 绿色植物对室内空气净化有何作用？

10. 绿色建筑室内空气质量评价标准包括哪些内容？

第 7 章　绿色建筑运营管理

【内容提要】

本章以绿色建筑的运营管理为对象，主要讲述运营管理的基本概念，绿色建筑的运营管理，智能建筑、绿色建筑运营管理的评价标准等内容，并在实训环节提供绿色建筑运营管理专项技术实训项目，作为本章的实践训练项目，以供学生训练。

【技能目标】

- 通过对运营管理的概念的学习，巩固已学的相关运营管理的基本知识，了解运营管理的基本概念和建筑全生命期成本分析。
- 通过对绿色建筑运营管理的学习，掌握绿色建筑管理网络、绿色建筑资源管理和绿色建筑环境管理体系，掌握提高绿色建筑运营水平的对策。
- 通过对绿色智能建筑的学习，了解智能建筑的定义和发展目标、智能建筑的项目组成和系统集成，以及我国智能建筑的发展。
- 通过对绿色建筑运营管理的评价标准的学习，掌握绿色建筑运营管理的评价标准。

本章是为了全面训练学生对绿色建筑运营管理的掌握能力、检查学生对绿色建筑运营管理知识的理解和运用程度而设置的。

【项目导入】

人工设施和组织机构都需要通过精心规划与执行，去谋求实现当初立意的目标——功能、经济收益、非经济的效果和收益，这就是"运营管理"。

运营管理是一项长期的工作与活动，不仅需要持续的人力与资金的投入，还需要有周详的策划与有力的执行。

如果运营管理存在缺陷，那么人工设施和组织机构的建设目标是不可能实现的。

按绿色建筑的理念推进建设，采用绿色技术实施建设，取得绿色建筑的标识认证，已经成为中国建设业的主流。

7.1 运营管理的概念

【学习目标】

了解运营管理的基本概念和建筑全生命期成本分析。

1. 运营管理

运营管理(Operations Management)是确保能成功地向用户提供和传递产品与服务的科学。有效的运营管理必须准确把握人、流程、技术和资金等要素。

任何人工设施和组织机构都有利益相关方，如服务对象(市民、顾客、游客、住户等)、从业人员、投资者和社会，而运营管理要提供高质量的产品和服务，要激发从业人员的积极性，要为获得适当的投资回报并保护环境去有效运营。这是管理人员向各利益相关方创造价值的唯一方式。

运营管理是一个投入、转换、产出的过程，也是一个价值增值的过程。运营必须考虑对运营活动进行计划、组织和控制。运营系统是上述变换过程得以实现的手段，运营管理要控制的目标是质量、成本、时间和适应性，这些目标的达成是人工设施和组织机构竞争力的根本。现代运营管理日益重视运营战略，广泛应用先进的运营方式(如网络营销、柔性运营等)和信息技术，注重环境问题(如绿色制造、低碳运营、生态物流等)，坚持道德标准和社会责任。这些都是人工设施和组织机构在日常活动中应当遵循的基本规律。

绿色建筑的运营管理同样也是投入、转换、产出的过程，并实现价值增值。人们通过运营管理来控制建筑物的服务质量、运行成本和生态目标的实现。

2. 人工设施运营管理的分析

现代工程实践证实，凡是人工系统都需要进行全生命期的成本分析，在项目启动前对其制造(建设)成本、运行成本、维护成本及销毁处置成本进行估计，并在实施中保证各阶段所需的费用。这是一个科学的论证与运作过程，如果违背了，那么人工系统项目不是成为烂尾工程，就是投入运营后因没有足够的运行维护费用而使建设投资付诸东流。在我们积极推进智慧城市建设的今天，更要做好全生命期的成本分析，使得各项决策更为科学。

全生命期成本分析源自生命期评价 LCA(Life Cycle Assessment)，是资源和环境分析 REPA(Registered Environmental Property Assessor)的一个组成部分。LCA 是面向产品系统，对产品或服务进行"从摇篮到坟墓"的全过程的评价，是一种系统性的、定量化的评价方法。

1) 全生命期

人的生命总是有期限的，人类创造的万事万物也有其生命期。一种产品从原材料开采开始，经过原料加工、产品制造、产品包装、运输和销售，然后由消费者使用、回收和维修，再利用，最终进行废弃处理和处置，整个过程称为产品的生命期，是一个"从摇篮到坟墓"的全过程。

绿色建筑自然也不例外，绿色建筑的各类绿色系统由各类部品、设备、设施与智能化软件组成，同样具有全生命期的特征，它们都要经历一个研制开发、调试、测试、运行、维护、升级、再调试、再测试、运行、维护、停机、数据保全、拆除和处置的全过程。

2) 全生命期评价

生命期评价可以表述为：对一种产品及其包装物、生产工艺、原材料能源或其他某种人类活动行为的全过程(包括原料的采集、加工、生产、包装、运输、消费和回收以及最终处理等)进行资源和环境影响的分析与评价。生命期评价的主导思想是在源头上预防和减少环境问题，而不是等问题出现后再去解决，是评估一个产品或是整体活动生命过程的环境后果一种方法。

生命期评价是面向产品系统，对产品或服务进行"从摇篮到坟墓"的全过程的评价。生命期评价充分重视环境影响，是一种系统性的、定量化的评价方法，同时也是开放的评价体系，对经济社会运行、持续发展战略、环境管理具有重要作用。

经过多年的实践，生命期评价得到了完善与系统化，国际标准化组织推出了 ISO14040 标准《环境管理—生命期评价—原则与框架》五个相关标准。

3) 全生命期的成本分析

全生命期的成本分析始于 20 世纪 90 年代初，把价值工程管理技术引入了产品(项目)的成本分析，强调产品(项目)的全生命期成本，是以面向全生命期成本 (LCC, Life Cycle Cost)的设计(DFC, Design For Cost)的形式提出的，在满足用户需求的前提下，尽一切可能降低成本。在分析产品制造过程、销售、使用、维修、回收、报废处置等产品全生命期中各阶段成本组成情况的基础上进行评价，从中找出影响产品成本过高的原设计部分，通过修改设计来降低成本。DFC 把全生命期成本作为设计的一个关键参数，是设计者分析、评价成本的支持工具。在制造业中一般设计成本大致占全生命期成本的 10%～15%，制造成本约占 30%～35%，使用与维修成本约占 50%～60%，其他成本所占比例一般小于 5%。

公共建筑物的生命期成本分配如表 7.1 所示，其中运行与管理费用约占生命期成本(LCC)总费用的 85%以上，而一次建设费用仅为 15%。而其中的信息化与自动化的系统则为现代物业设施管理提供了平台与基础。

表 7.1　公共建筑物生命期成本分析

费用组成	建设费	能耗费	修缮费	清洁费	设施更新费
所占百分比	15%	27%	15%	20%	23%

全生命期成本 LCC(Life Cycle Cost)是指产品从策划开始，经过论证、研究、设计、生产、使用一直到最后报废的整个生命期内所耗费的研究、设计与发展费用、生产费用、使用和保障费用及最后废弃费用的总和。

在满足用户需求的前提下，在分析产品制造过程、销售、使用、维修、回收、报废处置等产品全生命期中各阶段成本组成情况的基础上，进行评价，从中找出原设计影响产品成本过高的部分，通过修改设计来降低成本。

绿色建筑的各类绿色系统由部品、设备、设施与智能化软件组成，同样具有全生命期的特征，它们都要经历一个研制开发、调试、测试、运行、维护、升级、再调试、再测试、运行、维护、停机、数据保全、拆除和处置的全过程。

绿色建筑要进行面向成本的设计 DFC，需要绿色设施和措施的生命期内的成本数据。

7.2　绿色建筑的运营管理

【学习目标】

掌握绿色建筑管理网络、绿色建筑资源管理和绿色建筑环境管理体系，掌握提高绿色建筑运营水平的对策。

中国的绿色建筑经过近十年的工程实践，建设业内对此已积累了大量的经验教训，各类绿色技术的应用日益成熟，绿色建筑建设的增量成本也从早期的盲目投入逐步收敛到一个合理的范围。绿色建筑通常"运营成本可以降低 8%～9%，建筑的价值可以增加 7.5%，投资的回报增长可以达到 6.6%，居住率相应地提高 3.5%，租房率约提高 3.0%"。这些效益显然是令人鼓舞的。

1. 绿色建筑管理网络

建立运营、管理的网络平台，加强对节能、节水的管理和环境质量的监视，提高物业管理水平和服务质量；建立必要的预警机制和突发事件的应急处理系统。

2. 绿色建筑资源管理

1) 节能与节水管理
(1) 建立节能与节水的管理机制。
(2) 实现分户管理，分类计量与收费。
(3) 节能与节水的指标达到设计要求。

(4) 对绿化用水进行计量，建立并完善节水型灌溉系统。

2) 耗材管理

(1) 建立建筑、设备与系统的维护制度，减少因维修带来的材料消耗。

(2) 建立物业耗材管理制度，选用绿色材料。

3) 绿化管理

(1) 建立绿化管理制度。

(2) 采用无公害病虫害技术，规范杀虫剂、除草剂、化肥、农药等化学药品的使用，有效避免对土壤和地下水的损害。

4) 垃圾管理

(1) 建筑装修及维修期间，对建筑垃圾实行容器化收集，避免或减少建筑垃圾遗撒。

(2) 建立垃圾管理制度，对垃圾流向进行有效控制，防止无序倾倒和二次污染。

(3) 对生活垃圾分类收集、回收和资源化利用。

3. 改造利用

(1) 通过经济技术分析，采用加固、改造延长建筑物的使用年限。

(2) 通过改善建筑空间布局和空间划分，满足新增的建筑功能需求。

(3) 设备、管道的设置合理、耐久性好，方便改造和更换。

4. 环境管理体系

加强环境管理，建立 ISO14000 环境管理体系，达到保护环境、节约资源、改善环境质量的目的。

5. 绿色建筑的运营管理涉及内容

绿色建筑技术分为两大类：被动技术和主动技术。所谓被动绿色技术，就是不使用机械电气设备干预建筑物运行的技术，如建筑物围护结构的保温隔热、固定遮阳、隔声降噪、朝向和窗墙比的选择、使用透水地面材料等。而主动绿色技术则使用机械电气设备来改变建筑物的运行状态与条件，如暖通空调、雨水的处理与回用、智能化系统应用、垃圾处理、绿化无公害养护、可再生能源应用等。

被动绿色技术所使用的材料与设施，在建筑物的运行中一般养护的工作量很少，但也存在一些日常的加固与修补工作。

主动绿色技术所使用的材料与设施，需要在日常运行中使用能源、人力、材料资源等，以维持有效功能，并且在一定的使用期后，必须进行更换或升级。

表 7.2 列出了与《绿色建筑评价标准》(GB 50378)相关的绿色建筑运营管理内容，描述了运行措施、运行成本和收益。

表 7.2　与绿色建筑评价标准相关的绿色建筑运营管理内容

序　号	标准涉及的内容	运行措施	运行成本	收　益
1	合理设置停车场所	设置停车库(场)管理系统	管理人员费、停车库(场)管理系统维护费	方便用户，获取停车费
2	合理选择绿化方式，合理配置绿化植物	绿化园地日常养护	绿化园地养护费用	提供优美的环境
3	集中采暖或集中空调的居住建筑，分室(户)温度调节、控制及分户热计量(分户热分摊)	设置分室(户)温度调节、控制装置及分户热计量装置或设施	控制系统维护费	方便用户，节省能耗，降低用能成本
4	冷热源、输配系统和照明等能耗进行独立分项计量	设置能耗分项计量系统	计量仪表(传感器)和能耗分项计量系统维护费	为设备诊断和系统性节能提供数据
5	照明系统分区、定时、照度调节等节能控制	设置照明控制装置	检测器和照明控制系统维护费	方便用户，节省能耗，降低用能成本
6	排风能量回收系统设计合理并运行可靠	排风口设置能量回收装置	轮转式能量回收器维护费	节省能耗，降低用能成本
7	合理采用蓄冷蓄热系统	设置蓄冷蓄热设备	蓄冷蓄热设备维护费	降低用能成本
8	合理采用分布式热电冷联供技术	设置热电冷联供设备及其输配管线	管理人员费、燃料费、设备及管线维护费	提高能效，降低用能成本
9	合理利用可再生能源	设置太阳能光伏发电、太阳能热水、风力发电、地源(水源)热泵设备及其输配管线	设备及管线维护费	节省能耗，降低用能成本
10	绿化灌溉采用高效节水灌溉方式	设置喷灌(微灌)设备、管道及控制设备	设备及管道维护费	节省水耗，降低用水成本
11	循环冷却水系统设置水处理措施和(或)加药措施	设置水循环和水处理设备	设备维护费及运行药剂费	节省水耗，降低用水成本
12	利用水生动物和植物进行水体净化	种植水生植物，投放水生动物	水生动物和植物的养护费用	环境保护
13	采取可调节遮阳措施	设置可调节遮阳装置及控制设备	遮阳调节装置和控制系统维护费	节省能耗，降低用能成本
14	设置室内空气质量监控系统	设置室内空气质量检测器及监控设备	室内空气质量检测器和系统维护费	改善室内空气品质
15	地下空间设置与排风设备联动的一氧化碳浓度监测装置	设置一氧化碳检测器及控制设备	一氧化碳检测器和系统维护费	改善地下空间的环境

序　号	标准涉及的内容	运行措施	运行成本	收　益
16	节能、节水设施工作正常	设置节能、节水设施设备	控制系统维护费	方便用户，节省能耗，降低用能成本
17	设备自动监控系统工作正常	设置设备自动监控系统	设备自动监控系统的检测器、执行器和系统维护费	节省能耗，降低用能成本，提高服务质量和管理效率
18	无不达标废气、污水排放	设置废气、污水处理设施	废气、污水处理设施的检测器、执行器和系统维护费，废气和污水的检测费	环境保护
19	智能化系统的运行效果	设置信息通信、设备监控和安全防范等智能化系统	智能化系统维护费	改善生活质量，节省能耗，提高服务质量和管理效率
20	空调通风系统清洗	日常清洗过滤网等，定期清洗风管	日常清洗人工费用，风管清洗专项费用	提高室内空气品质
21	采用信息化手段进行物业管理	设置物业管理信息系统	物业管理信息系统维护费	节省能耗，提高服务质量和管理效率
22	无公害病虫害防治	选用无公害农药及生物除虫方法	无公害农药及生物除虫费用	环境保护
23	植物生长状态良好	绿化园地日常养护	同 2	同 2
24	有害垃圾单独收集	设置有害垃圾单独收集装置与工作流程	有害垃圾单独收集工作费用	环境保护
25	可生物降解垃圾的收集与垃圾处理	设置可生物降解垃圾的收集装置和可生物降解垃圾的处理设施	可生物降解垃圾的收集人员费用和可生物降解垃圾处理设施的运行维护费	环境保护和减少垃圾清运量
26	非传统水源的水质记录	设置非传统水源的水表	非传统水源的水质检测费	保证非传统水源的用水安全

这些运行措施是众所周知的，但是它们的运行成本与收益，往往因项目的技术与设施特点、管理的具体情况，而有各种说法和数据。运行成本尚缺少数据的积累，收益则难以按每一项措施进行微观分列或宏观效果评价。

6. 七类运行成本

建筑物运营成本是在运营维护期间发生的各类费用，可以归纳为以下七大类。

(1) 设施维护费。信息与控制系统一般为造价的 2%～4%，机械电气设备一般为造价的 2%～3%。

(2) 设施更新费。信息与控制系统的更新周期一般为 6～8 年，机械电气设备的更新周期一般为 8~10 年。

(3) 设施运行消耗。主要为设施本身的能耗和材耗，如水处理设施运行所需投放的药剂等。

(4) 养护费。绿化养护(人工、肥料、农药等)费用。

(5) 清洁费。中央空调投运后，其风管需 2 年清洗一次，清洗费用为风管展开面积×(20~30)元/平方米。

(6) 垃圾分类收集与处理费。

(7) 检测费。运行中所排放污水和废气的检测，非传统水源水质的检测等。

7. 提高绿色建筑运营水平的对策

国内绿色建筑运营水平不高的原因源于长期以来的"重建轻管"，这里有体制问题，也有操作机制问题。

我们追求建成了多少绿色建筑，这是建设者(项目投资方、设计方和施工方)的业绩。但是要核查绿色建筑的运行效果是否达到了设计目标，尤其是绿色措施出现问题时，建设者和管理者往往互相推诿，因为建设者不承担运营的责任，而管理者则是被动地去运行管理绿色建筑，并不将此作为自己的成就。

从经济核算的角度考虑，绿色措施的运行成本高于传统建筑，在低物业收益的状态下，不少物业管理机构其实把绿色建筑视为一种负担，常借某些理由不时地停用一些绿色设施。

为提高我国绿色建筑运营水平，有如下对策。

(1) 明确绿色建筑管理者的责任与地位。

物业管理机构接手具有绿色设计标识的建筑，应承担绿色设施运行正常并达到设计目标的责任，获得绿色运营标识，物业管理机构应得到 80%的荣誉和不低于 50%的奖励。建议住建部节能与科技司和房地产监管司合作，适时颁发"绿色建筑物业管理企业"证书，以鼓励重视绿色建筑工作的物业管理企业。

(2) 认定绿色建筑运行的增量成本。

绿色建筑建设有增量成本，运行相应地也有增量成本。而绿色建筑在节能和节水方面的经济收益是有限的，更多的应是环境和生态的广义收益。

建议凡是通过绿色运营标识认证的建筑物，可按星级适当增加物业管理收费，以弥补其运行的增量成本，在机制上使绿色建筑的物业管理企业得到合理的工作回报。

(3) 建设者须以面向成本的设计 DFC 实行绿色建筑的建设。

绿色建筑不能不计成本地构建亮点工程，而是在满足用户需求和绿色目标的前提下，应尽可能降低成本。建设者需以面向成本的设计方法来分析绿色建筑的建造过程、运行维护、报废处置等全生命期中各阶段成本组成情况，通过评价找出影响建筑物运行成本过高的部分，优化设计降低全生命期成本。

建设者(项目投资方、设计方)在完成绿色设施本身设计的同时，还需提供该设施的建设成本和运行成本分析资料，以说明该设计的合理性及可持续性。通过深入的设计和评价，可以促使建设者减少盲目行为，提高设计水平。

(4) 用好智能控制和信息管理系统，以真实的数据不断完善绿色建筑的运营。

运营时的能耗、水耗、材耗、使用人的舒适度等是反映绿色目标达成的重要数据。通过这些数据，可以全面掌握绿色设施的实时运行状态，及时发现问题，调整设备参数。根据数据积累的统计值，比对找出设施的故障和资源消耗的异常，改进设施的运行，提升建筑物的能效。这些功能都需要智能控制和信息管理系统来实现。

绿色建筑的智能控制和信息管理系统广泛采集环境、生态、建筑物、设备、社会、经营等信息，有效监控绿色能源、蓄冷蓄热设备、照明与室内环境设备、变频泵类设备、水处理设备等。在智能控制和信息管理系统的平台上，依据真实准确的数据来实现绿色目标的综合管理并做出决策。

经过几年的积累后，运营数据、成本和收益将能正确反映绿色建筑的实际效益。

绿色建筑只有通过有效的运营管理，才能达到预期的目标。我们要应用生命期评价和成本分析的科学方法，理清绿色建筑运营管理的工作内容，准确掌握建设、运行维护费用所构成的生命期成本，合理选用绿色技术，逐步完善绿色建筑运营的体制与机制，才能使我国的绿色建筑走上持续发展的道路。

7.3　智能建筑简介

【学习目标】

了解智能建筑的定义和发展目标、智能建筑的项目组成和系统集成，以及我国智能建筑的发展。

1. 智能建筑的定义

智能建筑指通过将建筑物的结构、系统、服务和管理根据用户的需求进行最优化组合，从而为用户提供一个高效、舒适、便利的人性化建筑环境。智能建筑是集现代科学技术之大成的产物。其技术基础主要由现代建筑技术、现代电脑技术、现代通信技术和现代控制技术组成。

世界上第一座智能建筑(Intelligent Building)于1984年由美国联合技术公司在美国哈特福德市建成。

欧洲智能建筑集团对智能建筑下的定义：使其用户发挥最高效率，同时又以最低的保养成本、最有效地管理其本身资源的建筑。

美国智能建筑学会对智能建筑下的定义：通过对建筑物的四个要素，即结构、系统、服务、管理及其相互关系的最优考虑，为用户提供一个高效率和有经济效益的环境。

国际智能建筑物研究机构对智能建筑下的定义：通过建筑物的结构、系统、服务和管理方面的功能以及其内在的联系，以最优化的设计，提供一个投资合理又有高效率的，优雅舒适、便利快捷、高度安全的环境空间。智能建筑能够帮助其主人、财产的管理者和拥有者等意识到，他们在诸如费用开支、生活舒适、商务活动和人身安全等方面将得到最大利益的回报。

我国智能建筑设计标准：智能建筑(IB)以建筑为平台，兼具建筑设备、办公自动化及通信网络系统，集结构、系统、服务、管理及它们之间的最优化组合，向人们提供安全、高效、舒适、便利的建筑环境。

2. 智能建筑的发展目标

影响智能建筑今后发展的因素较多，但值得特别关注的是，在接下来的发展之路上，智能建筑必须融入智慧城市建设，这也可认为是智能建筑的"梦"。

随着新一代信息技术急剧发展的推动和国家新四化的演变，特别是在新型城镇化目标的指导下，为了破解城镇化带来的各种"城市病"，智慧城市建设时不可待。而智能建筑作为智慧城市的重要组成元素，随着国家智慧城市建设广度和深度的展开，智能建筑必须融入智慧城市建设，这是智能建筑今后发展的大方向。

与此同时，智能建筑融入智慧城市应从智能建筑体系架构确定、设计理念更新、标准与规范完善、B/S访问模式确立、集成融合平台建设、云计算服务平台建设以及嵌入式控制器系统架构等方面来考虑。

智能建筑的发展目标主要体现在提供安全、舒适、快捷的优质服务，建立先进的管理机制，节省能耗与降低人工成本三个方面。

3. 智能建筑的项目组成

建筑智能化工程又称弱电系统工程，主要指通信自动化(CA)、楼宇自动化(BA)、办公自动化(OA)、消防自动化(FA)和保安自动化(SA)，简称5A。其中包括的系统如下。

计算机管理系统工程，楼宇设备自控系统工程，通信系统工程，保安监控及防盗报警系统工程，卫星及共用电视系统工程，车库管理系统工程，综合布线系统工程，计算机网络系统工程，广播系统工程，会议系统工程，视频点播系统工程，智能化小区物业管理系统工程，可视会议系统工程，大屏幕显示系统工程，智能灯光、音响控制系统工程，火灾报警系统工程，计算机机房工程，一卡通系统工程。

建筑智能化是多学科、多种新技术与传统建筑的结合，也是综合经济实力的象征。

4. 智能建筑的系统集成

对弱电子系统进行统一的监测、控制和管理。集成系统将分散的、相互独立的弱电子系统用相同的网络环境和相同的软件界面进行集中监视。

实现跨子系统的联动，提高大厦的控制流程自动化。弱电系统实现集成以后，原本各自独立的子系统从集成平台的角度来看，就如同一个系统一样，无论信息点和受控点是否在一个子系统内都可以建立联动关系。

提供开放的数据结构，共享信息资源。随着计算机和网络技术的高度发展，信息环境的建立及形成已不是一件困难的事。

提高工作效率，降低运行成本。集成系统的建立充分发挥了各弱电子系统的功能。

智能化集成系统(Intelligented Integration System，IIS)，将不同功能的建筑智能化系统通过统一的信息平台实现集成，以形成具有信息汇集、资源共享及优化管理等综合功能的系统。

信息设施系统(Information Technology System Infrastructure，ITSI)，为确保建筑物与外部信息通信网的互联及信息畅通，对语音、数据、图像和多媒体等各类信息予以接收、交换、传输、存储、检索和显示等进行综合处理的多种类信息设备系统加以组合，提供实现建筑物业务及管理等应用功能的信息通信基础设施。

信息化应用系统(Information Technology Application System，ITAS)以建筑物信息设施系统和建筑设备管理系统等为基础，为满足建筑物各类业务和管理功能的多种类信息设备与应用软件而组合的系统。

建筑设备管理系统(Building Management System，BMS)，对建筑设备监控系统和公共安全系统等实施综合管理的系统。

公共安全系统(Public Security System，PSS)，为维护公共安全，综合运用现代科学技术，以应对危害社会安全的各类突发事件而构建的技术防范系统或保障体系。

机房工程(Engineering of Electronic Equipment Plant，EEEP)，为提供智能化系统的设备和装置等安装条件，以确保各系统安全、稳定和可靠地运行与维护的建筑环境而实施的综合工程。

5. 智能建筑的发展趋势

智能建筑节能是世界性的大潮流和大趋势，同时也是中国改革和发展的迫切需求，这是不以人的主观意志为转移的客观必然性，是 21 世纪中国建筑事业发展的一个重点和热点。节能和环保是实现可持续发展的关键。可持续建筑应遵循节约化、生态化、人性化、无害化、集约化等基本原则，这些原则服务于可持续发展的最终目标。

从可持续发展理论出发，建筑节能的关键又在于提高能量效率，因此无论是制定建筑节能标准还是从事具体工程项目的设计，都应把提高能量效率作为建筑节能的着眼点。智能建筑也不例外，业主建设智能化大楼的直接动因就是在高度现代化、高度舒适的同时能实现能源消耗大幅度降低，以达到节省大楼营运成本的目的。依据我国可持续建筑原则和现阶段国情特点，能耗低且运行费用最低的可持续建筑设计包含了以下技术措施：①节能；②减少有限资源的利用，开发利用可再生资源；③室内环境的人道主义；④场地影响最小化；⑤艺术与空间的新主张；⑥智能化。

20 世纪 70 年代能源危机爆发以来，发达国家单位面积的建筑能耗已有大幅度的降低。与我国北京地区采暖度日数相近的一些发达国家，新建建筑每年采暖能耗已从能源危机时的 300kWh/m^2 降低至现在的 150kWh/m^2 左右。在不久的将来，建筑能耗还将进一步降低 30～50kWh/m^2。

创造健康、舒适、方便的生活环境是人类的共同愿望，也是建筑节能的基础和目标，为此，21 世纪的智能型节能建筑应该是：①冬暖夏凉；②通风良好；③光照充足。尽量采用自然光、天然采光与人工照明相结合；④智能控制。采暖、通风、空调、照明、家电等均可由计算机自动控制，既可按预定程序集中管理，又可局部手动控制，既可满足不同场合下人们不同的需要，又可少用资源。

6. 我国智能建筑发展

在我国，由于智能建筑的理念契合了可持续发展的生态和谐发展理念，所以我国智能建筑更多凸显出的是智能建筑的节能环保性、实用性、先进性及可持续升级发展等特点，和其他国家的智能建筑相比，我国更加注重智能建筑的节能减排，更加追求的是智能建筑的高效和低碳。这一切对于节能减排降低能源消耗等都具有非常积极的促进作用。

随着我国社会生产力水平的不断进步，随着我国计算机网络技术、现代控制技术、智能卡技术、可视化技术、无线局域网技术、数据卫星通信技术等高科技技术水平的不断提升，智能建筑将会在未来我国的城市建设中发挥更加重要的作用，将会作为现代建筑甚至未来建筑的一个有机组成部分，不断吸收并采用新的可靠性技术，不断实现设计和技术上的突破，为传统的建筑概念赋予新的内容，稳定且持续不断改进才是今后的发展方向。

7.4 运营管理评价标准

【学习目标】

掌握绿色住宅建筑运营管理评价标准和绿色公共建筑运营管理评价标准。

1. 绿色住宅建筑运营管理评价标准

1) 控制项

(1) 制定并实施节能、节水、节材与绿化管理制度。

(2) 住宅水、电、燃气分户、分类计量与收费。

(3) 制定垃圾管理制度，对垃圾进行有效控制，对废品进行分类收集，防止垃圾无序倾倒和二次污染。

(4) 设置密闭的垃圾容器，并有严格的保洁清洗措施，生活垃圾袋装化存放。

2) 一般项

(1) 垃圾站(间)设冲洗和排水设施。存放的垃圾及时清运，不污染环境。

(2) 智能化系统定位正确，采用的技术先进、实用、可靠，达到安全防范子系统、管理与设备监控子系统与信息网络子系统的基本配置要求。

(3) 采用无公害病虫害防治技术，规范杀虫剂、除草剂、化肥、农药等化学药品的使用，有效避免对土壤和地下水环境的损害。

(4) 栽种和移植的树木成活率大于 90%，植物生长状态良好。

(5) 物业管理部门通过 ISO 14001 环境管理体系认证。

(6) 垃圾分类收集率(实行垃圾分类收集的住户占总住户数的比例)达 90%以上。

(7) 设备、管道的设置便于维修、改造和更换。

3) 优选项

对可生物降解垃圾进行单独收集或设置可生物降解垃圾处理房。垃圾收集或垃圾处理房设有风道或排风、冲洗和排水设施，处理过程无二次污染。

2. 绿色公共建筑运营管理评价标准

1) 控制项

(1) 制定并实施节能、节水等资源节约与绿化管理制度。

(2) 建筑运行过程中无不达标废气、废水排放。

(3) 分类收集和处理废弃物，且收集和处理过程中无二次污染。

2) 一般项

(1) 建筑施工兼顾土方平衡和施工道路等在运营过程中的使用。

(2) 物业管理部门通过 ISO 14001 环境管理体系认证。

(3) 设备、管道的设置便于维修、改造和更换。

(4) 对空调通风系统按照国家标准《空调通风系统清洗规范》(GB 19210)规定进行定期检查和清洗。

(5) 建筑智能化系统定位合理，信息网络系统功能完善。

(6) 建筑通风、空调、照明等设备自动监控系统技术合理，系统高效运营。

(7) 办公、商场类建筑耗电、冷热量等实行计量收费。

3) 优选项

具有并实施资源管理激励机制，管理业绩与节约资源、提高经济效益挂钩。

绿色建筑只有通过有效的运营管理，才能达到预期的目标。我们要应用全生命期评价和成本分析的科学方法，理清绿色建筑运营管理的工作内容，准确掌握建设、运行维护费用所构成的全生命期成本，合理选用绿色技术，逐步完善绿色建筑运营的体制与机制，才能使我国的绿色建筑走上可持续发展的道路。

本 章 实 训

1. 实训内容

进行绿色建筑运营管理的实训(指导教师选择一个真实的工程项目或学校实训场地，带学生实训操作)，熟悉绿色建筑的运营管理的基本知识，从建筑管理网络、绿色建筑资源管理和绿色建筑环境管理体系等全过程模拟训练，熟悉绿色建筑的运营管理技术要点和国家相应的规范要求。

2．实训目的

通过课堂学习结合课下实训让学生熟练掌握绿色建筑的运营管理和国家相应的规范要求，提高学生进行绿色建筑的运营管理应用的综合能力。

3．实训要点

(1) 培养学生通过对绿色建筑的运营管理的运行与实训，加深对绿色建筑的运营管理国家标准的理解，掌握绿色建筑的运营管理要点，进一步加深对专业知识的理解。

(2) 分组制订计划与实施。培养学生团队协作的能力，获取绿色建筑的运营管理技术和经验。

4．实训过程

1) 实训准备要求

(1) 做好实训前相关资料查阅，熟悉有关绿色建筑运营管理的规范要求。

(2) 准备实训所需的工具与材料。

2) 实训要点

(1) 实训前做好交底。

(2) 制订实训计划。

(3) 分小组进行，小组内部分工合作。

3) 实训操作步骤

(1) 按照绿色建筑的运营管理要求，选择绿色建筑的运营管理方案。

(2) 模拟进行绿色建筑的运营管理。

(3) 进行绿色建筑的运营管理成果分析。

(4) 做好实训记录和相关技术资料整理。

(5) 进行小组互评和最终评定。

4) 教师指导点评和解答疑难

5) 实地观摩

6) 进行总结

5．实训项目基本步骤表

步　骤	教师行为	学生行为
1	交代工作任务背景，引出实训项目	(1) 分好小组 (2) 准备实训工具、材料和场地
2	布置绿色建筑的运营管理实训应做的准备工作	
3	使学生明确绿色建筑的运营管理实训的步骤	
4	学生分组进行实训操作，教师巡回指导	完成绿色建筑的运营管理实训全过程
5	结束指导点评实训成果	自我评价或小组评价
6	实训总结	小组总结并进行经验分享

6. 项目评估

项目：　　　　　　　　　　　　　　　指导老师：		
项目技能	技能达标分项	备　注
绿色建筑运营管理	1. 方案完善　　　　　　　　得 0.5 分 2. 准备工作完善　　　　　　得 0.5 分 3. 设计过程准确　　　　　　得 1.5 分 4. 设计图纸合格　　　　　　得 1.5 分 5. 分工合作合理　　　　　　得 1 分	根据职业岗位所需和技能要求，学生可以补充完善达标项
自我评价	对照达标分项　　　得 3 分为达标 对照达标分项　　　得 4 分为良好 对照达标分项　　　得 5 分为优秀	客观评价
评议	各小组间互相评价 取长补短，共同进步	提供优秀作品观摩学习

自我评价＿＿＿＿＿＿＿＿＿＿＿　　　　　　个人签名＿＿＿＿＿＿＿＿＿＿＿

小组评价　达标率＿＿＿＿＿＿＿　　　　　　组长签名＿＿＿＿＿＿＿＿＿＿＿

　　　　　　良好率＿＿＿＿＿＿＿

　　　　　　优秀率＿＿＿＿＿＿＿

　　　　　　　　　　　　　　　　　　　　　　年　　　月　　　日

本 章 总 结

　　运营管理(Operations Management)是确保能成功地向用户提供和传递产品与服务的科学。有效的运营管理必须准确把握人、流程、技术和资金等要素整合在运营系统中创造价值。运营管理是一个投入、转换、产出的过程，也是一个价值增值的过程。绿色建筑的运营管理同样也是投入、转换、产出的过程，并实现价值增值。通过运营管理来控制建筑物的服务质量、运行成本和生态目标的实现。

　　全生命期成本是指产品从策划开始，经过论证、研究、设计、生产、使用一直到最后报废的整个生命期内所耗费的研究、设计与发展费用、生产费用、使用和保障费用及最后废弃费用的总和。

　　绿色建筑运营管理网络包括建立运营、管理的网络平台，加强对节能、节水的管理和环境质量的监视，提高物业管理水平和服务质量；建立必要的预警机制和突发事件的应急处理系统。

　　绿色建筑技术分为被动技术和主动技术。

　　智能建筑指通过将建筑物的结构、系统、服务和管理根据用户的需求进行最优化组合，

从而为用户提供的高效、舒适、便利的人性化建筑环境。智能建筑是集现代科学技术之大成的产物。其技术基础主要由现代建筑技术、现代电脑技术、现代通信技术和现代控制技术组成。

绿色建筑运营管理评价标准包括绿色住宅建筑运营管理评价标准和绿色公共建筑运营管理评价标准。

本 章 习 题

1. 什么是运营管理？
2. 什么是全生命期成本？
3. 绿色建筑运营管理网络有哪些？
4. 绿色建筑资源管理包括哪些内容？
5. 绿色建筑运营管理内容有哪些？
6. 何谓七类运行成本？
7. 绿色建筑技术包括那两类？
8. 提高绿色建筑运营水平的对策有哪些？
9. 何谓智能建筑？智能建筑的项目组成有哪些？
10. 绿色建筑运营管理评价标准包括哪些内容？

第 8 章 绿 色 施 工

【内容提要】

本章以绿色施工为对象，主要讲述绿色施工的基本概念、原则、基本要求，绿色施工整体框架，绿色施工技术和绿色施工新技术等内容，并在实训环节提供绿色施工专项技术实训项目，作为本章的实践训练项目，以供学生训练。

【技能目标】

● 通过对绿色施工概念的学习，巩固已学的绿色施工的基本知识，了解绿色施工的基本概念、原则、基本要求和绿色施工整体框架。

● 通过对绿色施工技术的学习，掌握绿色施工管理、环境保护的技术要点、节材与材料资源利用的技术要点、节水与水资源利用的技术要点、节能与能源利用的技术要点、节地与施工用地保护的技术要点等。

● 通过对绿色施工新技术的学习，了解基坑施工封闭降水技术、施工过程水回收利用技术、预拌砂浆技术、外墙外保温体系施工技术等。

● 通过对绿色施工评价标准的学习，掌握建筑工程绿色施工评价标准，能够对建筑工程绿色施工进行评价。

本章是为了全面训练学生对绿色施工的掌握能力、检查学生对绿色施工知识的理解和运用程度而设置的。

【项目导入】

建筑工程施工中产生的大量灰尘、噪音、有毒有害气体、废物等会对环境品质造成严重的影响，也将有损于现场工作人员、使用者以及公众的健康。因此，减少环境污染，提高环境品质是绿色施工的基本原则。施工过程中，扰动建筑材料和系统所产生的灰尘，从材料、产品、施工设备或施工过程中散发出来的挥发性有机化合物或微粒均会引起室内外空气品质问题。许多挥发性有机化合物或微粒会对健康构成潜在的威胁和损害，需要特殊的安全防护。这些威胁和损伤有些是长期的，甚至是致命的。而且在建造过程中，这些空气污染物也可能渗入邻近的建筑物，并在施工结束后继续留在建筑物内。对那些需要在房屋使用者在场的情况下进行施工的改建项目更需引起重视。

实施绿色施工，尽可能减少场地干扰，提高资源和材料利用效率，增加材料的回收利用等，必须要实施科学管理，提高企业管理水平，使企业从被动地适应转变为主动地响应，使企业实施绿色施工制度化、规范化。这将充分发挥绿色施工对促进可持续发展的作用，增加绿色施工的经济效益，增加承包商采用绿色施工的积极性。实施绿色施工，可延长项目寿命，降低项目日常运行费用，有利于使用者的健康和安全，促进社会经济发展，是项目可持续发展的综合体现。

8.1 绿色施工的概念

【学习目标】

了解绿色施工的基本概念、原则、基本要求和绿色施工整体框架。

1. 绿色施工的基本概念

绿色施工是指工程建设中，在保证质量、安全等基本要求的前提下，通过科学管理和技术进步，最大限度地节约资源与减少对环境负面影响的施工活动，强调的是从施工到工程竣工验收全过程的节能、节地、节水、节材和环境保护("四节一环保")的绿色建筑核心理念。

实施绿色施工，应依据因地制宜的原则，贯彻执行国家、行业和地方相关的技术经济政策。绿色施工应是可持续发展理念在工程施工中全面应用的体现，绿色施工并不仅仅是指在工程施工中实施封闭施工，没有尘土飞扬，没有噪声扰民，在工地四周栽花、种草，实施定时洒水这些内容，它涉及可持续发展的各个方面，如生态与环境保护、资源与能源利用、社会与经济的发展等。

2. 绿色施工原则

绿色施工是建筑全寿命周期中的一个重要阶段。实施绿色施工，应进行总体方案优化。在规划、设计阶段，应充分考虑绿色施工的总体要求，为绿色施工提供基础条件。

实施绿色施工，应对施工策划、材料采购、现场施工、工程验收等各阶段进行控制，加强对整个施工过程的管理和监督。绿色施工的基本原则如下。

1) 减少场地干扰、尊重基地环境

绿色施工要减少场地干扰。工程施工过程会严重扰乱场地环境，这一点对于未开发区域的新建项目尤其严重。场地平整、土方开挖、施工降水、永久及临时设施建造、场地废物处理等均会对场地上现存的动植物资源、地形地貌、地下水位等造成影响；还会对场地内现存的文物、地方特色资源等带来破坏，影响当地文化的继承和发扬。因此，施工中减少场地干扰、尊重基地环境对于保护生态环境、维持地方文化具有重要意义。业主、设计单位和承包商应当识别场地内现有的自然、文化和构筑物特征，并通过合理的设计、施工和管理工作将这些特征保存下来。可持续的场地设计对于减少这种干扰具有重要的作用。就工程施工而言，承包商应结合业主、设计单位对承包商使用场地提出要求，制订满足这些要求的、能尽量减少场地干扰的场地使用计划。计划中应明确以下内容。

(1) 场地内哪些区域将被保护、哪些植物将被保护，并明确保护的方法。

(2) 怎样在满足施工、设计和经济方面要求的前提下，尽量减少清理和扰动的区域面积，尽量减少临时设施、减少施工用管线。

(3) 场地内哪些区域将被用作仓储和临时设施建设，如何合理安排承包商、分包商及各工种对施工场地的使用，减少材料和设备的搬动。

(4) 各工种为了运送、安装和其他目的对场地通道的要求。

(5) 废物将如何处理和消除，如有废物回填或填埋，应分析其对场地生态、环境的影响。

(6) 怎样将场地与公众隔离。

2) 施工结合气候

承包商在选择施工方法、施工机械，安排施工顺序，布置施工场地时应结合气候特征。这可以减少由于气候原因而带来施工措施的增加、资源和能源用量的增加，有效地降低施工成本；可以减少因为额外措施对施工现场及环境的干扰；可以有利于施工现场环境质量品质的改善和工程质量的提高。

承包商要能做到施工结合气候，首先要了解现场所在地区的气象资料及特征，主要包括：①降雨、降雪资料，例如，全年降雨量、降雪量、雨季起止日期、一日最大降雨量等；②气温资料，例如，年平均气温、最高气温、最低气温及持续时间等；③风的资料，例如，风速、风向和风的频率等。

施工结合气候应主要体现以下方面。

(1) 承包商应尽可能合理地安排施工顺序，使会受到不利气候影响的施工工序能够在不利气候来临前完成。如在雨季来临之前，完成土方工程、基础工程的施工，以减少地下水位上升对施工的影响，减少其他需要增加的额外雨季施工保证措施。

(2) 安排好全场性排水、防洪，减少对现场及周遍环境的影响。

(3) 施工场地布置应结合气候，符合劳动保护、安全、防火的要求。产生有害气体和污染环境的加工场(如沥青熬制、石灰熟化)及易燃的设施(如木工棚、易燃物品仓库)应布置在下风向，且不危害当地居民；起重设施的布置应考虑风、雷电的影响。

(4) 在冬季、雨季、风季、炎热夏季施工中，应针对工程特点，尤其是对混凝土工程、土方工程、深基础工程、水下工程和高空作业等，选择适合的季节性施工方法或有效措施。

3) 绿色施工要求节水、节电、环保

节约资源(能源)建设项目通常要使用大量的材料、能源和水资源。减少资源的消耗、节约能源、提高效益、保护水资源是可持续发展的基本观点。施工中资源(能源)的节约主要有以下几方面内容。

(1) 水资源的节约利用。通过监测水资源的使用，安装小流量的设备和器具，在可能的场所重新利用雨水或施工废水等措施来减少施工期间的用水量，降低用水费用。

(2) 节约电能。通过监测利用率，安装节能灯具和设备、利用声光传感器控制照明灯具、采用节电型施工机械、合理安排施工时间，降低用电量，节约电能。

(3) 减少材料的损耗。通过更仔细的采购、合理的现场保管、减少材料的搬运次数、减少包装、完善操作工艺、增加摊销材料的周转次数，降低材料在使用中的消耗，提高材料的使用效率。

(4) 可回收资源的利用。可回收资源的利用是节约资源的主要手段，也是当前应加强的方向。主要体现在两个方面，一是使用可再生的或含有可再生成分的产品和材料，这有助于将可回收部分从废弃物中分离出来，同时减少了原始材料的使用，即减少了自然资源的消耗；二是加大资源和材料的回收、循环利用，如在施工现场建立废物回收系统，再回收或重复利用拆除建筑时得到的材料，这可减少施工中材料的消耗量或通过销售这些材料来增加企业的收入，也可降低企业运输或填埋垃圾的费用。

4) 减少环境污染，提高环境品质

绿色施工要求减少环境污染。工程施工中产生的大量灰尘、噪音、有毒有害气体、废物等会对环境品质造成严重的影响，也将有损于现场工作人员、使用者以及公众的健康。因此，减少环境污染，提高环境品质也是绿色施工的基本原则。提高与施工有关的室内外空气品质是该原则的最主要内容。施工过程中，扰动建筑材料和系统所产生的灰尘，从材料、产品、施工设备或施工过程中散发出来的挥发性有机化合物或微粒均会引起室内外空气品质问题。许多挥发性有机化合物或微粒会对健康构成潜在的威胁和损害，需要特殊的安全防护。这些威胁和损伤有些是长期的，甚至是致命的。而且在建造过程中，这些空气污染物也可能渗入邻近的建筑物，并在施工结束后继续留在建筑物内。对那些需要在房屋使用者在场的情况下进行施工的改建项目更需引起重视。常用的提高施工场地空气品质的绿色施工技术措施如下。

(1) 制订有关室内外空气品质的施工管理计划。

(2) 使用低挥发性的材料或产品。

(3) 安装局部临时排风或局部净化和过滤设备。

(4) 进行必要的绿化，经常洒水清扫，防止建筑垃圾堆积在建筑物内，贮存好可能造成污染的材料。

(5) 采用更安全、健康的建筑机械或生产方式，如用商品混凝土代替现场混凝土搅拌，可大幅度地消除粉尘污染。

(6) 合理安排施工顺序，尽量减少一些建筑材料，如地毯、顶棚饰面等对污染物的吸收。

(7) 对于施工时仍在使用的建筑物而言，应将有毒的工作安排在非工作时间进行，并与通风措施相结合，在进行有毒工作时以及工作完成以后，及时通风。

(8) 对于施工时仍在使用的建筑物而言，将施工区域保持负压或升高使用区域的气压会有助于防止空气污染物污染使用区域。

对于噪音的控制也是防止环境污染、提高环境品质的一个方面。当前我国已经出台了一些相应的规定对施工噪音进行控制。绿色施工也强调对施工噪音的控制，以防止施工扰民。合理安排施工时间，实施封闭式施工，采用现代化的隔离防护设备，采用低噪音、低振动的建筑机械，例如无声振捣设备等，是控制施工噪音的有效手段。

5) 实施科学管理、保证施工质量

实施绿色施工，必须要实施科学管理，提高企业管理水平，使企业从被动地适应转变为主动地响应，使企业实施绿色施工制度化、规范化。这将充分发挥绿色施工对促进可持续发展的作用，增加绿色施工的经济性效果，增加承包商采用绿色施工的积极性。企业通过 ISO 14001 认证是提高企业管理水平、实施科学管理的有效途径。

实施绿色施工，应尽可能减少场地干扰，提高资源和材料利用效率，增加材料的回收利用等，但采用这些手段的前提是要确保工程质量。好的工程质量，可延长项目寿命，降低项目日常运行费用，有利于使用者的健康和安全，促进社会经济发展，本身就是可持续发展的体现。

3. 绿色施工基本要求

(1) 我国尚处于经济快速发展阶段，作为大量消耗资源、影响环境的建筑业，应全面实施绿色施工，承担起可持续发展的社会责任。

(2) 绿色施工导则用于指导绿色施工，在建筑工程的绿色施工中应贯彻执行。

(3) 绿色施工是指工程建设中，在保证质量、安全等基本要求的前提下，通过科学管理和技术进步，最大限度地节约资源与减少对环境负面影响的施工活动，实现"四节一环保"(节能、节地、节水、节材和环境保护)。

(4) 绿色施工应符合国家的法律、法规及相关的标准规范，实现经济效益、社会效益和环境效益的统一。

(5) 实施绿色施工，应依据因地制宜的原则，贯彻执行国家、行业和地方相关的技术经济政策。

(6) 运用 ISO 14000 和 ISO 18000 管理体系，将绿色施工有关内容分解到管理体系目标中去，使绿色施工规范化、标准化。

(7) 鼓励各地区开展绿色施工的政策与技术研究，发展绿色施工的新技术、新设备、新材料与新工艺，推行应用示范工程。

4. 绿色施工总体框架

绿色施工导则中绿色施工总体框架由施工管理、环境保护、节材与材料资源利用、节水与水资源利用、节能与能源利用、节地与施工用地保护六个方面组成，如图 8.1 所示。这

六个方面涵盖了绿色施工的基本指标,同时包含了施工策划、材料采购、现场施工、工程验收等各阶段的指标的子集。

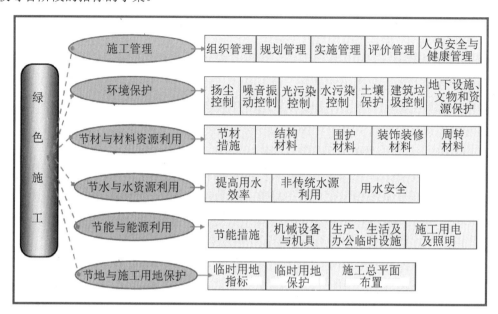

图 8.1 绿色施工总体框架

《绿色施工导则》作为绿色施工的指导性原则,共有六大块内容:①总则;②绿色施工原则;③绿色施工总体框架;④绿色施工要点;⑤发展绿色施工的新技术、新设备、新材料、新工艺;⑥绿色施工应用示范工程。

在这六大块内容中,总则主要是考虑设计、施工一体化问题。施工原则强调的是对整个施工过程的控制。

绿色施工总体框架与绿色建筑评价标准结构相同,明确这样的指标体系,是为将来制定"绿色建筑施工评价标准"打基础。

在绿色施工总体框架中,将施工管理放在第一位是有其深层次意义的。我国工程建设发展的情况是体量越做越大,基础越做越深,所以施工方案是绿色施工中的重大问题。如地下工程的施工,是采用明挖法、盖挖法、暗挖法、沉管法还是冷冻法,会涉及工期、质量、安全、资金投入、装备配置、施工力量等一系列问题,是一个举足轻重的问题,对此《绿色施工导则》在施工管理中,对施工方案确定均有具体规定。

8.2　绿色施工技术

【学习目标】

掌握绿色施工管理、环境保护技术要点、节材与材料资源利用技术要点、节水与水资源利用技术要点、节能与能源利用技术要点、节地与施工用地保护技术要点等。

绿色施工技术要点包括绿色施工管理、环境保护技术要点、节材与材料资源利用技术要点、节水与水资源利用技术要点、节能与能源利用技术要点、节地与施工用地保护技术要点六方面内容，每项内容又有若干项要求。

1．绿色施工管理

绿色施工管理主要包括组织管理、规划管理、实施管理、评价管理、人员安全与健康管理五个方面。例如，组织管理要建立绿色施工管理体系，并制定相应的管理制度与目标；规划管理要编制绿色施工方案，该方案应在施工组织设计中独立成章，并按有关规定进行审批。

绿色施工应对整个施工过程实施动态管理，加强对施工策划、施工准备、材料采购、现场施工、工程验收等各阶段的管理和监督。

1）组织管理

(1) 建立绿色施工管理体系，并制定相应的管理制度与目标。

(2) 项目经理为绿色施工第一责任人，负责绿色施工的组织实施及目标实现，并指定绿色施工管理人员和监督人员。

2）规划管理

编制绿色施工方案。该方案应在施工组织设计中独立成章，并按有关规定进行审批。

绿色施工方案应包括以下内容。

(1) 环境保护措施。制订环境管理计划及应急救援预案，采取有效措施，降低环境负荷，保护地下设施和文物等资源。

(2) 节材措施。在保证工程安全与质量的前提下，制定节材措施。如进行施工方案的节材优化、建筑垃圾减量化、尽量利用可循环材料等。

(3) 节水措施。根据工程所在地的水资源状况，制定节水措施。

(4) 节能措施。进行施工节能策划，确定目标，制定节能措施。

(5) 节地与施工用地保护措施。制定临时用地指标、施工总平面布置规划及临时用地节地措施等。

3）实施管理

(1) 绿色施工应对整个施工过程实施动态管理，加强对施工策划、施工准备、材料采购、现场施工、工程验收等各阶段的管理和监督。

(2) 应结合工程项目的特点，有针对性地对绿色施工做相应的宣传，通过宣传营造绿色施工的氛围。

(3) 定期对职工进行绿色施工知识培训，增强职工绿色施工意识。

4）评价管理

(1) 对照本导则的指标体系，结合工程特点，对绿色施工的效果及采用的新技术、新设备、新材料与新工艺，进行自评估。

(2) 成立专家评估小组，对绿色施工方案、实施过程至项目竣工，进行综合评估。

5) 人员安全与健康管理

(1) 制定施工防尘、防毒、防辐射等职业危害的措施，保障施工人员的长期职业健康。

(2) 合理布置施工场地，保护生活及办公区不受施工活动的有害影响。在施工现场建立卫生急救、保健防疫制度，在安全事故和疾病疫情出现时提供及时救助。

(3) 提供卫生、健康的工作与生活环境，加强对施工人员的住宿、膳食、饮用水等生活与环境卫生的管理，改善施工人员的生活条件。

2. 绿色施工环境保护技术要点

绿色施工环境保护是个很重要的问题。工程施工对环境的破坏很大，大气环境污染源之一是大气中的总悬浮颗粒，粒径小于 $10\mu m$ 的颗粒可以被人类吸入肺部，对健康十分有害。悬浮颗粒包括道路尘、土壤尘、建筑材料尘等。《绿色施工导则》(环境保护技术要点)对土方作业阶段、结构安装装饰阶段作业区目测扬尘高度明确提出了量化指标；对噪音与振动控制、光污染控制、水污染控制、土壤保护、建筑垃圾控制、地下设施、文物和资源保护等也提出了定性或定量要求。

1) 扬尘控制

(1) 运送土方、垃圾、设备及建筑材料等，不污损场外道路。运输容易散落、飞扬、流漏物料的车辆，必须采取措施，严密封闭，保证车辆清洁。施工现场出口应设置洗车槽。

(2) 土方作业阶段，采取洒水、覆盖等措施，达到作业区目测扬尘高度小于 1.5m，不扩散到场区外。

(3) 结构施工、安装装饰装修阶段，作业区目测扬尘高度小于 0.5m。对易产生扬尘的堆放材料应采取覆盖措施；对粉末状材料应封闭存放；场区内可能引起扬尘的材料及建筑垃圾搬运应有降尘措施，如覆盖、洒水等；浇筑混凝土前清理灰尘和垃圾时尽量使用吸尘器，避免使用吹风器等易产生扬尘的设备；机械剔凿作业时可用局部遮挡、掩盖、水淋等防护措施；高层或多层建筑清理垃圾应搭设封闭性临时专用道或采用容器吊运。

(4) 施工现场非作业区达到目测无扬尘的要求。对现场易飞扬物质采取有效措施，如洒水、地面硬化、围挡、密网覆盖、封闭等，防止扬尘产生。

(5) 构筑物机械拆除前，做好扬尘控制计划。可采取清理积尘、拆除体洒水、设置隔挡等措施。

(6) 构筑物爆破拆除前，做好扬尘控制计划。可采用清理积尘、淋湿地面、预湿墙体、屋面敷水袋、楼面蓄水、建筑外设高压喷雾状水系统、搭设防尘排栅和直升机投水弹等措施综合降尘。应选择风力小的天气进行爆破作业。

(7) 在场界四周隔挡高度位置测得的大气总悬浮颗粒物(TSP)月平均浓度与城市背景值的差值不大于 $0.08mg/m^3$。

如要求土方作业区目测扬尘高度小于 1.5m；结构施工、安装装饰装修作业区目测扬尘高度小于 0.5m。

2) 噪音与振动控制

(1) 现场噪音排放不得超过国家标准《建筑施工场界噪声限值》(GB 12523—90)的规定。

(2) 在施工场界对噪音进行实时监测与控制。监测方法执行国家标准《建筑施工场界噪声测量方法》(GB 12524—90)。

(3) 使用低噪音、低振动的机具，采取隔音与隔振措施，避免或减少施工噪音和振动。

3) 光污染控制

(1) 尽量避免或减少施工过程中的光污染。夜间室外照明灯加设灯罩，透光方向集中在施工范围。

(2) 电焊作业采取遮挡措施，避免电焊弧光外泄。

4) 水污染控制

(1) 施工现场污水排放应达到国家标准《污水综合排放标准》(GB 8978—1996)的要求。

(2) 在施工现场应针对不同的污水设置相应的处理设施，如沉淀池、隔油池、化粪池等。

(3) 污水排放应委托有资质的单位进行废水水质检测，提供相应的污水检测报告。

(4) 保护地下水环境。采用隔水性能好的边坡支护技术。在缺水地区或地下水位持续下降的地区，基坑降水尽可能少地抽取地下水；当基坑开挖抽水量大于 500000 立方米时，应进行地下水回灌，并避免地下水被污染。

(5) 对于化学品等有毒材料、油料的储存地，应有严格的隔水层设计，做好渗漏液收集和处理工作。

5) 土壤保护

(1) 保护地表环境，防止土壤被侵蚀、流失。因施工造成的裸土，及时覆盖砂石或种植速生草种，以减少土壤被侵蚀；因施工造成容易发生地表土壤流失的情况，应采取设置地表排水系统、稳定斜坡、植被覆盖等措施，减少土壤流失。

(2) 沉淀池、隔油池、化粪池等，应不发生堵塞、渗漏、溢出等现象。及时清掏各类池内沉淀物，并委托有资质的单位清运。

(3) 对于有毒有害废弃物如电池、墨盒、油漆、涂料等应回收后交有资质的单位处理，不能作为建筑垃圾外运，避免污染土壤和地下水。

(4) 施工后应恢复施工活动破坏的植被(一般指临时占地内)。与当地园林、环保部门或当地植物研究机构进行合作，在先前开发地区种植当地或其他合适的植物，以恢复剩余空地地貌或科学绿化，补救施工活动中人为破坏植被和地貌造成的土壤侵蚀。

6) 建筑垃圾控制

(1) 制订建筑垃圾减量化计划，如住宅建筑，每万平方米的建筑垃圾不宜超过 400 吨。

(2) 加强建筑垃圾的回收再利用，力争建筑垃圾的再利用和回收率达到 30%，建筑物拆除产生的废弃物的再利用和回收率大于 40%。对于碎石类、土石方类建筑垃圾，可采用地基填埋、铺路等方式提高再利用率，力争再利用率大于 50%。

(3) 施工现场生活区设置封闭式垃圾容器，施工场地生活垃圾实行袋装化，及时清运。对建筑垃圾进行分类，并收集到现场封闭式垃圾站，集中运出。

7) 地下设施、文物和资源保护

(1) 施工前应调查清楚地下各种设施，做好保护计划，保证施工场地周边的各类管道、管线、建筑物、构筑物的安全运行。

(2) 施工过程中一旦发现文物，立即停止施工，保护现场并通报文物部门，协助做好工作。

(3) 避让、保护施工场区及周边的古树名木。

(4) 逐步开展统计分析施工项目的二氧化碳排放量，以及各种不同植被和树种的二氧化碳固定量的工作。

3. 节材与材料资源利用技术要点

绿色施工要点中关于节材与材料资源利用部分是《绿色施工导则》中很重要的一条，也是《绿色施工导则》的特色之一。此条从节材措施、结构材料、围护材料、装饰装修材料到周转材料，都提出了明确要求。例如，模板与脚手架问题。受体制约束，我国工程建设中木模板的周转次数低得惊人，有的仅用一次，连外国专家都要抗议我国浪费木材资源的现状。绿色施工规定要优化模板及支撑体系方案。应采用工具式模板、钢制大模板和早拆支撑体系，采用定型钢模、钢框竹模、竹胶板代替木模板。

钢筋专业化加工与配送要求。钢筋加工配送可以大量消化通尺钢材(非标准长度钢筋，价格比定尺原料钢筋低 200～300 元/吨)，降低原料浪费。

结构材料要求推广使用预拌混凝土和预拌砂浆。准确计算采购数量、供应频率、施工速度等，在施工过程中进行动态控制。结构工程使用散装水泥。建筑工程中水泥 30%用于砌筑和抹灰。现场配制质量不稳定，浪费材料，破坏环境，出现开裂、渗漏、空鼓、脱落等一系列问题。若采用预拌砂浆后，使用散装水泥，会使工业废弃物的利用成为可能。

据测算，2006 年发展散装水泥，减少了包装袋 94 亿只，节省包装费用 211.5 亿元。由此节约包装纸 282.6 万吨，折合木材 1554.5 万立方米；节约电力 33.9 亿千瓦时，节约水资源 7.1 亿吨，节约烧碱 103.6 万吨，节约燃煤 367.4 万吨，综合能耗节约达 807.4 万吨标准煤。

如果预拌砂浆在国内工程建设中全面实施，将带动我国水泥散装率提高 8～10 个百分点，并能有效地带动固体废物的综合利用，社会经济效益显著，是落实循环经济、建设节约型社会、促进节能减排的一项具体行动。

1) 节材措施

(1) 图纸会审时，应审核节材与材料资源利用的相关内容，达到材料损耗率比定额损耗率降低 30%。

(2) 根据施工进度、库存情况等合理安排材料的采购、进场时间和批次，减少库存。

(3) 现场材料堆放应有序。保证储存环境适宜，措施得当。健全保管制度，落实责任。

(4) 材料运输工具适宜，装卸方法得当，防止损坏和遗漏。根据现场平面布置情况就近卸载，避免和减少二次搬运。

(5) 采取技术和管理措施提高模板、脚手架等的周转次数。

(6) 优化安装工程的预留、预埋、管线路径等方案。

(7) 应就地取材，施工现场 500 公里以内生产的建筑材料用量占建筑材料总重量的 70% 以上。

2) 结构材料

(1) 推广使用预拌混凝土和商品砂浆。准确计算采购数量、供应频率、施工速度等，在施工过程中进行动态控制。结构工程使用散装水泥。

(2) 推广使用高强钢筋和高性能混凝土，减少资源消耗。

(3) 推广钢筋专业化加工和配送。

(4) 优化钢筋配料和钢构件下料方案。钢筋及钢结构制作前应对下料单及样品进行复核，无误后方可批量下料。

(5) 优化钢结构制作和安装方法。大型钢结构宜采用工厂制作，现场拼装；宜采用分段吊装、整体提升、滑移、顶升等安装方法，避免因方案不合理浪费材料。

(6) 采取数字化技术，对大体积混凝土、大跨度结构等专项施工方案进行优化。

3) 围护材料

(1) 门窗、屋面、外墙等围护结构选用耐候性及耐久性良好的材料，施工确保密封性、防水性和保温隔热性。

(2) 门窗采用密封性、保温隔热性、隔音性良好的材料。

(3) 屋面材料、外墙材料应具有良好的防水性能和保温隔热性能。

(4) 当屋面或墙体等部位采用基层加设保温隔热系统的方式施工时，应选择高效节能、耐久性好的保温隔热材料，以减小保温隔热层的厚度及材料用量。

(5) 屋面或墙体等部位的保温隔热系统采用专用的配套材料，以加强各层次之间的黏结或连接强度，确保系统的安全性和耐久性。

(6) 根据建筑物的实际特点，优选屋面或外墙的保温隔热材料系统和施工方式，例如保温板粘贴、保温板干挂、聚氨酯硬泡喷涂、保温浆料涂抹等，以保证保温隔热效果，并减少材料浪费。

(7) 加强保温隔热系统与围护结构的节点处理，尽量降低热桥效应。针对建筑物的不同部位保温隔热特点，选用不同的保温隔热材料及系统，以做到经济适用。

4) 装饰装修材料

(1) 贴面类材料在施工前，应进行总体排版策划，减少非整块材的数量。

(2) 采用非木质的新材料或人造板材代替木质板材。

(3) 防水卷材、壁纸、油漆及各类涂料基层必须符合要求，避免起皮、脱落。各类油漆及黏结剂应随用随开启，不用时及时封闭。

(4) 幕墙及各类预留、预埋应与结构施工同步。

(5) 木制品及木装饰用料、玻璃等各类板材等宜在工厂采购或定制。

(6) 采用自黏类片材，减少现场液态黏结剂的使用量。

5) 周转材料

(1) 应选用耐用、维护与拆卸方便的周转材料和机具。

(2) 优先选用制作、安装、拆除一体化的专业队伍进行模板工程施工。

(3) 模板应以节约自然资源为原则，推广使用定型钢模、钢框竹模、竹胶板。

(4) 施工前应对模板工程的方案进行优化。多层、高层建筑使用可重复利用的模板体系，模板支撑宜采用工具式支撑。

(5) 优化高层建筑的外脚手架方案，采用整体提升、分段悬挑等方案。

(6) 推广采用外墙保温板替代混凝土施工模板。

(7) 现场办公和生活用房采用周转式活动房。现场围挡应最大限度地利用已有围墙，或采用装配式可重复使用围挡封闭。力争工地临房、临时围挡材料的可重复使用率达到 70% 以上。

4. 节水与水资源利用技术要点

1) 提高用水效率

(1) 施工中采用先进的节水施工工艺。

(2) 施工现场喷洒路面、绿化浇灌不宜使用市政自来水，现场搅拌用水、养护用水应采取有效的节水措施，严禁无措施浇水养护混凝土。

(3) 施工现场供水管网应根据用水量设计布置，管径合理、管路简捷，采取有效措施减少管网和用水器具的漏损。

(4) 现场机具、设备、车辆冲洗用水必须设立循环用水装置。施工现场办公区、生活区的生活用水采用节水系统和节水器具，提高节水器具配置比率。项目临时用水应使用节水型产品，安装计量装置，采取有针对性的节水措施。

(5) 施工现场建立可再利用水的收集处理系统，使水资源得到梯级循环利用。

(6) 施工现场分别对生活用水与工程用水确定用水定额指标，并分别计量管理。

(7) 大型工程的不同单项工程、不同标段、不同分包生活区，凡具备条件的应分别计量用水量。在签订不同标段分包合同或劳务合同时，将节水定额指标纳入合同条款，进行计量考核。

(8) 对混凝土搅拌站点等用水集中的区域和工艺点进行专项计量考核。施工现场建立雨水、中水或可再利用水的收集利用系统。

2) 非传统水源利用

(1) 优先采用中水搅拌、中水养护，有条件的地区和工程应收集雨水养护。

(2) 处于基坑降水阶段的工地，宜优先采用地下水作为混凝土搅拌用水、养护用水、冲洗用水和部分生活用水。

(3) 现场机具、设备、车辆冲洗，喷洒路面，绿化浇灌等用水，优先采用非传统水源，尽量不使用市政自来水。

(4) 大型施工现场，尤其是雨量充沛地区的大型施工现场应建立雨水收集利用系统，充分收集自然降水用于施工和生活中适宜的地方。

(5) 力争施工中非传统水源和循环水的再利用量大于 30%。

3) 用水安全

在非传统水源和现场循环再利用水的使用过程中，应制定有效的水质检测与卫生保障措施，确保避免对人体健康、工程质量以及周围环境产生不良影响。

5. 节能与能源利用技术要点

1) 节能措施

(1) 制定合理施工能耗指标，提高施工能源利用率。

(2) 优先使用国家和行业推荐的节能、高效、环保的施工设备和机具，如选用变频技术的节能施工设备等。

(3) 施工现场分别设定生产、生活、办公和施工设备的用电控制指标，定期进行计量、核算、对比分析，并有预防与纠正措施。

(4) 在施工组织设计中，合理安排施工顺序、工作面，以减少作业区域的机具数量，相邻作业区充分利用共有的机具资源。安排施工工艺时，应优先考虑耗用电能少的或其他能耗较少的施工工艺。避免设备额定功率远大于使用功率或超负荷使用设备的现象。

(5) 根据当地气候和自然资源条件，充分利用太阳能、地热等可再生能源。

2) 机械设备与机具

(1) 建立施工机械设备管理制度，开展用电、用油计量，完善设备档案，及时做好维修保养工作，使机械设备保持低耗、高效的状态。

(2) 选择功率与负载相匹配的施工机械设备，避免大功率施工机械设备低负载长时间运行。机电安装可采用节电型机械设备，如逆变式电焊机和能耗低、效率高的手持电动工具等，以利于节电。机械设备宜使用节能型油料添加剂，在可能的情况下，考虑回收利用，节约油量。

(3) 合理安排工序，提高各种机械的使用率和满载率，降低各种设备的单位耗能。

3) 生产、生活及办公临时设施

(1) 利用场地自然条件，合理设计生产、生活及办公临时设施的体形、朝向、间距和窗墙面积比，使其获得良好的日照、通风和采光。南方地区可根据需要在其外墙窗设遮阳设施。

(2) 临时设施宜采用节能材料，墙体、屋面使用隔热性能好的材料，减少夏天空调、冬天取暖设备的使用时间及耗能量。

(3) 合理配置采暖、空调、风扇数量，规定使用时间，实行分段分时使用，节约用电。

4) 施工用电及照明

(1) 临时用电优先选用节能电线和节能灯具，临电线路合理设计、布置，临电设备宜采用自动控制装置，采用声控、光控等节能照明灯具。

(2) 照明设计以满足最低照度为原则，照度不应超过最低照度的 20%。

6. 节地与施工用地保护技术要点

1) 临时用地指标

(1) 根据施工规模及现场条件等因素合理确定临时设施，如临时加工厂、现场作业棚，

以及材料堆场、办公生活设施等的占地指标。临时设施的占地面积应按用地指标所需的最低面积设计。

(2) 要求平面布置合理、紧凑,在满足环境、职业健康与安全及文明施工要求的前提下,尽可能减少废弃地和死角,临时设施占地面积有效利用率大于90%。

2) 临时用地保护

(1) 应对深基坑施工方案进行优化,减少土方开挖和回填量,最大限度地减少对土地的扰动,保护周边自然生态环境。

(2) 红线外临时占地应尽量使用荒地、废地,少占用农田和耕地。工程完工后,及时对红线外占地恢复原地形、地貌,使施工活动对周边环境的影响降至最低。

(3) 利用和保护施工用地范围内的原有绿色植被。对于施工周期较长的现场,可按建筑永久绿化的要求,安排场地新的绿化。

3) 施工总平面布置

(1) 施工总平面布置应做到科学、合理,充分利用原有建筑物、构筑物、道路、管线为施工服务。

(2) 施工现场搅拌站、仓库、加工厂、作业棚、材料堆场等布置应尽量靠近已有交通线路或即将修建的正式或临时交通线路,缩短运输距离。

(3) 临时办公和生活用房应采用经济、美观、占地面积小、对周边地貌环境影响较小且适合于施工平面布置动态调整的多层轻钢活动板房、钢骨架水泥活动板房等标准化装配式结构。生活区与生产区应分开布置,并设置标准的分隔设施。

(4) 施工现场围墙可采用连续封闭的轻钢结构预制装配式活动围挡,减少建筑垃圾,保护土地。

(5) 施工现场道路按照永久道路和临时道路相结合的原则布置。施工现场内形成环形通路,减少道路占用土地。

(6) 临时设施布置应注意远近结合(本期工程与下期工程),努力减少和避免大量临时建筑拆迁和场地搬迁。

我国绿色施工尚处于起步阶段,应通过试点和示范工程总结经验,引导绿色施工健康发展。各地应根据具体情况,制定有针对性的考核指标和统计制度,制定引导施工企业实施绿色施工的激励政策,促进绿色施工的发展。

8.3 绿色施工新技术

【学习目标】

了解基坑施工封闭降水技术、施工过程水回收利用技术、预拌砂浆技术、外墙外保温体系施工技术等绿色施工新技术。

绿色施工技术是指在工程建设中,在保证质量和安全等基本要求的前提下,通过科学管理和技术进步，最大限度地节约资源，减少对环境负面影响的施工活动。绿色施工是可持续发展思想在工程施工中的具体应用和体现。

绿色施工技术并不是独立于传统施工技术的全新技术，而是对传统施工技术进行改进，最大限度地节约资源并减少对环境负面影响的施工活动，它是符合可持续发展的施工技术，使施工过程真正做到"四节一环保"，对于促使环境友好、提升建筑业整体水平具有重要意义。

绿色施工技术是以水、太阳能等自然资源为主线，使建筑物在发挥其使用功能的同时融入自然，充分利用自然界给予我们的资源，以减少对环境的污染，使人与自然和谐相处，从而体现绿色主题。

绿色施工新技术的基本要求如下。

(1) 施工方案应建立推广、限制、淘汰公布制度和管理办法。发展适合绿色施工的资源利用与环境保护技术，对落后的施工方案进行限制或淘汰，鼓励绿色施工技术的发展，推动绿色施工技术的创新。

(2) 大力发展现场监测技术、低噪音施工技术、现场环境参数检测技术、自密实混凝土施工技术、清水混凝土施工技术、建筑固体废弃物再生产品在墙体材料中的应用技术、新型模板及脚手架技术的研究与应用。

(3) 加强信息技术应用，如绿色施工的虚拟现实技术、三维建筑模型的工程量自动统计、绿色施工组织设计数据库建立与应用系统、数字化工地、基于电子商务的建筑工程材料、设备与物流管理系统等。通过应用信息技术，进行精密规划、设计，精心建造和优化集成，实现与提高绿色施工的各项指标。

1. 基坑施工封闭降水技术

基坑施工封闭降水技术多采用基坑侧壁帷幕或基坑侧壁帷幕与基坑底封底相结合的截水措施，阻截基坑侧壁及基坑底面的地下水流入基坑，同时采用降水措施抽取或引渗基坑开挖范围内的现存地下水的降水方法；帷幕常采用深层搅拌桩防水帷幕、高压摆喷墙、旋喷桩、地下连续墙等作止水帷幕。

基坑施工封闭降水技术的特点是：抽水量少，对周边环境不造成影响，不污染周边水源，止水系统配合支护体系一起设计降低造价。

基坑施工封闭降水技术的要点如下。

(1) 封闭深度。宜采用悬挂式竖向截水和水平封底相结合的方式，在没有水平封底措施的情况下要求侧壁帷幕(连续墙、搅拌桩、旋喷桩等)插入基坑下不透水土层一定深度，深度情况应满足下式计算：

$$L=0.2h_w-0.5b \tag{8-1}$$

式中，L——帷幕插入不透水层的深度；

h_w——作用水头；

b——帷幕厚度。

(2) 截水帷幕厚度。满足抗渗要求，渗透系数宜小于 1.0×10^{-6}cm/s。

(3) 基坑内井深度。可采用疏干井和降水井，若采用降水井，井深度不宜超过截水帷幕深度；若采用疏干井，井深应插入下层强透水层。

(4) 结构安全性。截水帷幕必须在有安全的基坑支护措施下配合使用(如注浆法)，或者帷幕本身经计算能同时满足基坑支护的要求(如地下连续墙)。

本技术适用于有地下水存在的所有非岩石地层的基坑工程。

在使用时应根据土层的性质和特点、水层性质、基坑开挖深度、封闭深度和基坑内井深度综合考虑，尤其应注意公式的选取。

2008 年开挖的北京中关村某大厦工程：基坑面积约 5000 平方米，基坑深度 17 米，原计划采用管井降水，计算 90 天涌水量 2.48 万吨，后采用旋喷桩止水帷幕工艺，在基坑内配置疏干井，将上部潜水引入下层，全工程未抽取地下水。

成功应用封闭降水的工程还有天津地区中钢天津响锣湾项目、北京地区协和医院门诊楼及手术科室楼工程、上海轨道交通 10 号线一期工程、太原名都工程、深圳地铁益田站、广州地铁越秀公园站基坑工程、河北曹妃甸首钢炼钢区地下管廊工程、福州茶亭街地下配套交通工程等。

2. 施工过程水回收利用技术

施工过程水的回收利用技术包括基坑施工降水回收利用技术、雨水回收利用技术与现场生产废水利用技术。

1) 基坑施工降水回收利用技术

基坑施工降水回收利用技术包含两种技术：①利用自渗效果将上层滞水引渗至下层潜水层中，可使大部分水资源重新回灌至地下的回收利用技术；②将降水所抽水集中存放，用于施工过程中用水等回收利用技术。

基坑降水回收利用率为：

$$R = K_6 \frac{Q_1 + q_1 + q_2 + q_3}{Q_0} \times 100\% \tag{8-2}$$

式中：Q_1——回灌至地下的水量(根据地质情况及试验确定)；

K_6——损失系数，取 0.85～0.95；

q_1——现场生活用水量(m^3/d)；

q_2——现场洒水控制扬尘用水量(m^3/d)；

q_3——施工砌筑抹灰用水量(m^3/d)。

基坑施工降水回收利用技术要点如下。

(1) 现场建立高效洗车池。主要包括蓄水池、沉淀池和冲洗池三部分。将降水井所抽出的水通过基坑周边的排水管汇集进蓄水池，经水泵冲洗运土车辆。冲洗完的污水经预先的回路流进沉淀池进行沉淀，沉淀后的水可再流进蓄水池，循环使用。

(2) 设置现场集水箱。根据以上技术指标测算现场回收水量，制作蓄水箱，箱顶制作收集水管入口，与现场降水水管连接，并将蓄水箱置于固定高度(根据所需水压计算)，回收水体通过水泵抽到蓄水箱，同时水箱顶部设有溢流口，溢流口连接到马桶冲洗水箱入水管，溢水自然排到马桶的冲洗水箱，水箱的底部设有水闸口，水闸口可以连接各种用水管(施工用水水管等)，用于现场部分施工用水。

国家游泳中心在降水施工时，对方案进行了优化，减少了地下水抽取，充分利用自渗效果将上层潜水引渗至较深层潜水中，使一大部分水资源重新回灌至地下。施工现场还设置了喷淋系统，将所抽水体集中存放于水箱(现场制作一个蓄水的水箱)中，然后将该水用于喷淋扬尘，现场喷射混凝土用水、土钉孔灌注水泥浆液用水以及混凝土养护用水、砌筑用水、生活用水等均使用地下水，并联系绿化部门，定期为洒水车蓄水，有效防止水资源的浪费。

2) 雨水回收利用技术

雨水回收利用技术是指在施工过程中将雨水收集后，经过雨水渗蓄、沉淀等处理，集中存放，用于施工现场降尘、绿化和洗车，经过处理的水体可用作结构养护用水、现场砌筑抹灰施工用水等。

雨水回收利用技术的特点：利用施工季的降雨，将雨水存储，用于施工过程中，减少地下水的使用，节约抽水的用电量、减少人工等。

3) 现场生产废水利用技术

现场生产废水利用技术是指将施工生产、生活废水经过过滤、沉淀等处理后循环利用的技术。

在施工现场临时道路两旁设置引水管和沉淀池，沉淀池的水引入蓄水池，蓄水池的大小根据工地的实际情况和实际需要确定；如果工程投入使用后仍有雨水回收系统，应将临时雨水回收系统与设计结合，蓄水池可先行施工使用，以减少施工成本。

施工现场用水应有 20%来源于雨水和生产废水等。

3. 预拌砂浆技术

预拌砂浆是指由专业化厂家生产的，用于建设工程中的各种砂浆拌和物，是我国近年发展起来的一种新型建筑材料，按性能可分为普通预拌砂浆和特种砂浆；按供应状态可分为湿拌砂浆和干混砂浆。20 世纪 50 年代初，欧洲国家就开始大量生产和使用预拌砂浆，至今已有 50 多年的发展历史。国内，预拌砂浆在上海、常州等发达地区发展较快。同时，许多城市也在逐步禁止现场搅拌砂浆，推广使用预拌砂浆，其优势是健康环保、质量稳定、节能舒适等。

1) 预拌砂浆的进场检验

预拌砂浆进场时，供应方应按规定批次向需方提供质量证明文件。质量证明文件应包括产品形式检验报告和出厂检验报告等。

预拌砂浆进场时应进行外观检验，并符合下列规定。

① 湿拌砂浆应外观均匀，无离析、泌水现象。

② 散装干混砂浆应外观均匀、无结块、受潮现象。

③ 袋装干混砂浆应包装完整，无受潮现象。

预拌砂浆应按照规范要求进行复验。

2) 预拌砂浆的储存

(1) 湿拌砂浆的储存。

施工现场宜配备湿拌砂浆储存容器，并符合下列规定。

① 储存容器应密闭、不吸水。

② 储存容器的数量、容量应满足砂浆品种以及供货量的要求。

③ 储存容器使用时，内部应无杂物、无明水。

④ 储存容器应便于储运、清洗和砂浆的存取。

⑤ 砂浆存取时，应有防雨措施。

⑥ 储存容器宜采用遮阳、保温等措施。

不同品种、强度等级的湿拌砂浆应分别存放在不同的储存容器中，并应对储存容器进行标记，标记内容应包括砂浆的品种、强度等级和使用时限等。砂浆应先存先用。

湿拌砂浆在储存及使用过程中不应加水。砂浆在存放过程中，当出现少量泌水时，应拌和均匀后使用。砂浆用完后，应立即清理其储存容器。

湿拌砂浆储存地点的环境温度宜为 5~35℃。

(2) 干混砂浆的储存。

不同品种的散装干混砂浆应分别储存在散装移动筒仓中，不得混存混用，并应对筒仓进行标记。筒仓数量应满足砂浆品种及施工要求。更换砂浆品种时，筒仓应清空。

筒仓应符合现行行业标准 SB/T 10461—2008《干混砂浆散装移动筒仓》的规定，并应在现场安装牢固。

袋装干混砂浆应储存在干燥、通风、防潮、不受雨淋的场所，并应按品种、批号分别堆放，不得混堆混用，且应先存先用。配套组分中有机类材料应储存在阴凉、干燥、通风、远离火和热源的场所，不应露天存放和暴晒，储存环境温度应为 5~35℃。

散装干混砂浆在储存及使用过程中，当对砂浆质量的均匀性有疑问或争议时，应按 GB/T 25181—2010 的相关规定定期检验其均匀性。

3) 预拌砂浆的使用要求

(1) 预拌砂浆的品种选用应根据设计、施工等的要求确定。

(2) 不同品种、规格的预拌砂浆不应混合使用。

(3) 预拌砂浆施工前，施工单位应根据设计和工程要求及预拌砂浆产品说明书编制施工方案，并应按施工方案进行施工。

(4) 预拌砂浆施工时，施工环境温度宜在 5~35℃。当在温度低于 5℃或高于 35℃施工时，应采取保证工程质量的措施。在大于或等于五级风、雨天和雪天的露天环境条件下，不应进行预拌砂浆施工。

(5) 施工单位应建立各道工序的自检、互检和专职人员检验制度，并应有完整的施工检查记录。

(6) 预拌砂浆抗压强度、实体拉伸黏结强度应按验收批进行评定。

4. 外墙外保温系统施工技术

外墙外保温系统是由保温层、保护层和固定材料(胶黏剂锚固件等)构成并且适用于安装在外墙外表面的非承重保温构造总称。

目前国内应用最多的外墙外保温系统从施工做法上可分为粘贴式、现浇式、喷涂式及预制式等几种主要方式，其中粘贴式做法的保温材料包括模塑聚苯板(EPS 板)、挤塑聚苯板(XPS 板)、矿物棉板(MW 板，以岩棉为代表)、硬泡聚氨酯板(PU 板)、酚醛树脂板(PF 板)等，在国内也被称为薄抹灰外墙外保温系统或外墙保温复合系统，这些材料中又以模塑聚苯板的外保温技术最为成熟，应用也最为广泛。

由于我国新建建筑钢筋混凝土现浇结构占了相当大的比例，因此现浇式外墙外保温系统也称为模板内置保温板做法，既包括模板与保温板分体的做法，也包括模板与保温板一体的做法。

喷涂式则以喷涂硬泡聚氨酯做法为主。预制式做法变化较多，主要是在工厂将保温板和装饰面板预制成一体化板，在施工现场再将其安装就位。

1) 粘贴式外墙外保温隔热系统施工技术

粘贴式外墙外保温隔热系统施工技术中的粘贴聚苯乙烯泡沫塑料板外保温系统的内容与膨胀聚苯薄抹灰外墙外保温体系相同，但保温板可以是模塑或挤塑聚苯乙烯泡沫板。

当使用挤塑板时胶黏剂和抹面胶浆一定要与挤塑板配套，否则会出现挤塑板脱落等问题。

技术指标按《外墙外保温工程技术规程》(JGJ 144)和《膨胀聚苯板薄抹灰外墙保温体系》(JG/T 149)执行。材料进场时注意燃烧性能检验结果，同时应注意层高和防火隔离带等问题。

2) 外墙外保温岩棉(矿棉)施工技术

外墙外保温岩棉(矿棉)系统具有良好的防火性能，适合于高层和超高层建筑，产品性能符合《建筑用岩棉、矿渣棉绝热制品》(GB/T 19686)。施工时注意岩棉(矿棉)板的导热系数、质量吸湿率、憎水率、压缩强度等项目的检验结果。

岩棉(矿棉)外保温系统的型式检验报告中水蒸气渗透当量、吸水量、耐冻融和耐候性这些性能直接影响保温层的寿命和质量。

外墙外保温岩棉(矿棉)施工工艺和方法按《外墙外保温工程技术规程》(JGJ 144)执行，一定要黏钉结合使用。该系统不适宜采用面砖饰面。

外墙外保温岩棉(矿棉)施工技术适宜在严寒、寒冷地区和夏热冬冷地区使用，尤其适合在防火要求高的建筑中使用。

3) 现浇混凝土外墙外保温施工技术

现浇混凝土模板内置(聚苯板)外墙外保温体系适合于我国现浇混凝土体系。

该系统是指在墙体钢筋绑扎完毕后，浇灌混凝土墙体前，将保温板置于外模内侧，浇灌混凝土完毕后，保温层与墙体有机地结合在一起。聚苯板可以是 EPS，也可以是 XPS。当采用 XPS 时，表面应做拉毛、开槽等加强黏结性能的处理，并涂刷配套的界面剂。按聚

苯板与混凝土的连接方式不同，可分有网体系和无网体系。

保温板与墙体必须连接牢固，锚固件可用塑料锚栓，锚入混凝土内长度不得小于 50mm，并将螺丝拧紧，使尾部全部张开。

保温板与墙体的黏结强度应大于保温板本身的抗拉强度。

窗洞口外侧四周应进行保温处理。

有网体系的膨胀缝：保温板和钢丝网均断开中间放入泡沫塑料棒，外表嵌缝膏嵌。

无网体系膨胀缝在每层间宜留水平分层膨胀缝，其间嵌入泡沫塑料棒，外表用嵌缝油膏嵌缝。

4) TCC 建筑保温模板施工技术

TCC 建筑保温模板体系是一种保温与模板一体化保温模板体系。该技术将保温板辅以特制支架形成保温模板，在需要保温的一侧代替传统模板，并同另一侧的传统模板配合使用，共同组成模板体系。模板拆除后结构层和保温层即成型，如图 8.2 所示。

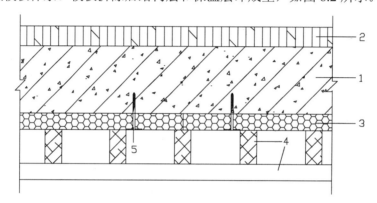

图 8.2　TCC 建筑保温模板系统基本构造

1—混凝土墙体；2—无须保温一侧普通模板及支撑；3—保温板；4—TCC 保温模板支架；5—锚栓

5. 外墙硬泡聚氨酯喷涂系统

外墙硬泡聚氨酯喷涂系统是指将硬质发泡聚氨酯喷涂到外墙外表面，并达到设计要求的厚度，然后做界面处理，抹胶粉聚苯颗粒保温浆料找平，薄抹抗裂砂浆，铺设增强网，再做饰面层。

1) 外墙硬泡聚氨酯喷涂系统的技术特点

外墙硬泡聚氨酯喷涂系统的技术特点如下。

(1) 聚氨酯导热系数低，为 0.018～0.024W/(m·K)。可直接喷涂于墙体基面上与各种常用的墙体材料(如混凝土、木材、金属、玻璃)都能很好地黏结。

(2) 外墙硬泡聚氨酯喷涂技术采用现场喷涂方式，施工具有连续性，整个保温层无接缝。

(3) 聚氨酯硬泡体比聚苯板耐老化、阻燃、化学稳定性好。在低温下不脆裂，高温 120℃下不流淌、不黏连。燃烧时表面碳化，无熔滴。

(4) 现场喷涂的聚氨酯硬泡体质量受施工环境的影响很大，如温度、基面湿度、风力等，对操作人员的技术水平要求严格。

(5) 喷涂发泡后聚氨酯表面不易平整。

(6) 施工时遇风会对周围环境产生污染，造价较高。

2) 外墙硬泡聚氨酯喷涂系统的施工措施

外墙硬泡聚氨酯喷涂系统的施工措施如下。

(1) 喷涂施工时的环境温度宜为 10～40℃，风速应不大于 5m/s(3 级风)，相对湿度应小于 80%，雨天不得施工。

(2) 喷枪头距作业面的距离应根据喷涂设备的压力进行调整，不宜超过 1.5m；喷涂时喷枪头移动的速度要均匀。

(3) 喷涂后的聚氨酯硬泡保温层应充分熟化 48～72h，聚氨酯硬泡表面不黏手后再进行下道工序的施工。

(4) 用抹面胶浆等找平喷涂聚氨酯硬泡保温层时，应将裁好的玻纤网布(或钢丝网)用铁抹子压入抹面胶浆内，相邻网布(或钢丝网)搭接宽度不小于 100mm；网布(钢丝网)应铺贴平整，不得有皱褶、空鼓和翘边。阳角处应做护角。

(5) 进行喷涂施工时，门窗洞口及下风口宜做遮蔽，防止泡沫飞溅污染环境。

(6) 施工时不得损害施工人员的身体健康，施工时应做好施工人员的劳动保护。

6. 外墙自保温体系和工业废渣及(空心)砌块应用技术

外墙自保温体系和工业废渣及(空心)砌块应用技术适宜在寒冷地区、夏热冬暖地区和夏热冬冷地区使用。

1) 外墙自保温体系和工业废渣及(空心)砌块应用技术概述

外墙自保温体系是由自保温墙体、热桥和剪力墙保温处理措施、不同材料交接面处理措施构成的节能建筑外墙保温系统。该系统外墙平均传热系数能够满足节能建筑对墙体热工性能的要求。其中自保温墙体由精确砌块采用专用黏结剂干法薄灰缝砌筑、专用抹面砂浆干法薄抹灰而形成；热桥(混凝土梁、柱等)和剪力墙等部位的内侧或外侧采用贴砌蒸压砂加气混凝土薄块进行保温处理；自保温墙体与混凝土梁、柱、剪力墙交接面，则采取拉结、抗裂、防渗处理措施。

工业废渣及(空心)砌块应用技术主要强调各种砌块的构成和产品性能，外墙自保温体系施工技术强调施工的整体性，施工时注意节点构造的处理和砌筑砂浆的选择，处理不好可能出现冷桥。由于砌块具有多孔结构，其收缩受湿度影响变化很大，干缩湿胀的现象比较明显，如果反映到墙体上，将不可避免地产生各种裂缝，严重的还会造成砌体本身开裂。

2) 外墙自保温体系建筑设计要求

(1) 在下列情况下，不应采用蒸压砂加气混凝土砌块。

① 建筑物±0.000 以下(地下室非承重内隔墙除外)；

② 长期浸水或经常干湿交替的部位(经防水处理的浴、厕及经饰面保护的外墙除外)；

③ 受化学侵蚀的环境，如强酸、强碱或高浓度二氧化碳等；

④ 砌体表面经常处于 80℃ 以上的高温环境。

(2) 建筑设计应用 1M 为基本模数，墙体厚度应采用与主砌块宽度一致的尺寸。

(3) 砌块砌体应采用薄灰缝砌筑，砌筑灰缝小于或等于 3 毫米。

(4) 设计应妥善处理好门窗洞口、层高和砌块尺寸(包括砌筑灰缝)的关系，与其他专业相配合进行排块设计，并绘制关键部位的排块图。砌块排列应整齐，且有规律，避免通缝。

(5) 砌体与混凝土梁、板、柱的联结应牢固，并应有防裂、防渗漏措施。门窗洞口、过梁、配筋带、边框的设置应做出规定。

(6) 砌体上的孔、洞，以及管、线、盒在墙体内的尺寸位置，应在设计时预留和做出规定，并应说明孔洞周边的加固和防渗漏要求。当在墙体上镂槽埋设暗管时，应避免水平向开槽，竖向开槽总深度不得大于 1/3 墙厚。应避免双面开槽，必须开槽时，应使槽间距大于或等于 500mm。所有开槽部位及线盒安装部位在饰面处理时应压入耐碱网格布予以加强。网格布应超出开槽界面 100mm。水管需穿越墙体时，应严防渗水。有振动的管线穿越墙体时，管线与墙体间应预留空隙，并使用弹性材料进行隔振保护。

(7) 砌体与配件的连接(如门、窗、热水器、脱排油烟机、附墙管道、管线支架、卫生设备等)应牢固可靠。

(8) 对于有较高隔声要求的墙体，如宾馆客房间的隔墙，因设备安装需要将墙体对穿开洞时，应在洞内采取隔声措施。当洞口直径或长宽大于 400mm 时，应对洞口采取加固措施。

(9) 厨房、卫生间、盥洗室等潮湿房间的墙体底部应设防水带，防水带应采用高度不小于 200mm 的混凝土导墙或 120mm 高的现浇钢筋混凝土楼板翻边，厚度同墙。门洞处导墙应断开。墙面应采用满涂防水界面剂和防裂防渗砂浆抹面等有效防潮措施(至顶板底部)。

(10) 墙体抹灰应采用薄抹灰，抹灰层厚度大于或等于 5mm。抹灰层应在不同材料界面缝部位断开，留一个宽 50～70mm，深 3～5mm 的斜槽，并采用弹性腻子填平斜槽，形成柔性连接。外抹灰层应设计分格缝，分格缝应根据建筑物立面分层设置，水平间距不宜超过 3m，应采用高弹塑性、高黏结力、耐老化的密封材料嵌缝。

(11) 墙体装饰可采用涂料饰面和饰面砖饰面，饰面涂料和粘贴饰面砖的基层应为薄抹灰面层。外墙外饰面涂料应采用弹性涂料。当外墙外饰面采用花岗石或大理石等重质饰面板时，不应在外墙上直接粘贴和干挂。

(12) 外墙外饰面采用面砖时，应符合下列规定。

① 饰面面砖应采用轻质、小块及粘贴面带有燕尾槽或线槽的产品，并不得带有脱模剂，其性能应符合《陶瓷砖和卫生陶瓷分类及术语》(GB/T 9195)、《干压陶瓷砖》(GB/T 4100.1～4)、《陶瓷劈离砖》(JC/T 457)的要求。

② 应采用面砖专用粘贴剂和勾缝剂粘贴面砖和勾缝，不得采用普通水泥砂浆。不得采用密缝，面砖接缝宽度不应小于 5 mm。

③ 面砖的粘贴高度应符合国家相关规定。

(13) 在下列情况下，门窗安装应与门窗周边的现浇混凝土框及相应铁件连接，不得直接安装在砌块墙体上。

① 餐厅备餐间大窗。

② 商店橱窗。

③ 可能直接承受人体依靠或推力的大面积玻璃窗。

④ 公共建筑、车间、仓库等大型组合窗。

⑤ 尺寸大于 2100×3000mm 的洞口。

(14) 砌块墙体的其他构造设计参照《蒸压加气混凝土砌块应用技术规程》(JGJ/T 17)的相关规定。

3) 外墙自保温体系建筑施工注意事项

(1) 必须从材料、设计、施工多方面共同控制，针对不同的季节和不同的情况，进行控制。

(2) 砌块在存放和运输过程中要做好防雨措施。

(3) 尽量避免在同一工程中选用不同强度等级的产品。

(4) 砌筑砂浆宜选用黏结性能良好的专用砂浆，其强度等级应不小于 M5，砂浆应具有良好的保水性，可在砂浆中掺入无机或有机塑化剂。

(5) 为消除主体结构和围护墙体之间由于温度变化产生的收缩裂缝，砌块与墙柱相接处，须留拉结筋，竖向间距为 500～600mm，压埋两根 $\varphi6$ 钢筋，两端伸入墙内不小于 800mm；每砌筑 1.5m 高时应采用两根 $\varphi6$ 通长钢筋拉结，以防止收缩拉裂墙体。

(6) 在跨度或高度较大的墙中设置构造梁柱。一般当墙体长度超过 5m 时，可在中间设置钢筋混凝土构材造柱；当墙体高度超过 3m(墙厚≤120mm)或 4m(墙厚≥180mm)时，可在墙高中腰处增设钢筋混凝土腰梁。构造梁柱可有效地分割墙体，减少砌体因干缩变形产生的叠加值。

(7) 在窗台与窗间墙交接处是应力集中的部位，容易受砌体收缩影响产生裂缝，因此，宜在窗台处设置钢筋混凝土现浇带以抵抗变形。此外，在未设置圈梁的门窗洞口上部的边角处也容易发生裂缝和空鼓，此处宜用圈梁取代过梁，墙体砌至门窗过梁处，应停一周后再砌以上部分，以防应力不同造成八字缝。

(8) 外墙墙面水平方向的凹凸部位(如线脚、雨罩、出檐、窗台等)应做泛水和滴水，以避免积水。

(9) 石膏砌块一般无须抹灰，上、下缝为错缝排列，转角、丁字墙、十字墙连接部位应上下搭接咬砌，墙体砌筑采用石膏黏结剂。

7. 铝合金窗断桥技术

铝合金窗断桥技术原理是在铝型材中间加入隔热条，将铝型材断开形成断桥，将铝型材分为室内、室外两部分，有效阻止热量的传导。隔热铝合金型材门窗的热传导性比非隔热铝合金型材门窗降低 40%～70%。配中空玻璃的断桥铝合金门窗自重轻、强度高、隔音性好。

采用的断热技术分为穿条式和浇注式两种。

穿条式断热条的形状与规格是一定的，如高度为 12、14 等，PA66GF25(聚酰胺 75%+玻璃纤维 25%)与铝膨胀系数相近，机械强度高、耐高温、防腐，如图 8.3 所示。

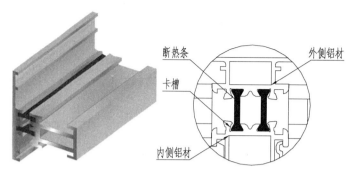

图8.3 穿条式断热条

浇注式断热条需要专用设备进行热浇注,力学性能好,如图 8.4 所示。

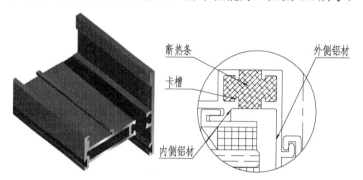

图8.4 浇筑式断热条

铝合金窗断桥技术的性能特点如下。

(1) 保温隔热性好。断桥铝型材热工性能远优于普通铝型材,其 K 值可到 3.0W/m²·K 以下,采用中空玻璃后外窗的整体 K 值可在 2.8W/m²·K 以下,采用 Low-E 玻璃,K 值更可低至 2.0 以下,节能效果显著。

(2) 隔声效果好。采用厚度不同的中空玻璃结构和隔热断桥铝型材空腔结构,能够有效降低声波的共振效应,阻止声音的传递,可以降低噪音 30dB 以上。

8. 太阳能与建筑一体化应用技术

太阳是一个巨大的能量源,每秒辐射到地球上的能量相当于 500 万吨标准煤,和人类存在的时间相比,太阳能可以说是一种久远和无尽的能源。我国 2009 年出台了一系列的扶持政策,如财政部于 2009 年 3 月 26 日发布《关于加快推进太阳能光电建筑应用的实施意见》,财政部、科技部、国家能源局联合印发了《关于实施金太阳示范工程的通知》,建筑节能名列其中并优先支持太阳能光伏组件应用与建筑物实现构件化、一体化项目;优先支持并网式太阳能光电建筑应用项目。

"建筑太阳能一体化"是指在建筑规划设计之初,利用屋面构架、建筑屋面、阳台、外墙及遮阳等,将太阳能利用纳入设计内容,使之成为建筑的一个有机组成部分。"建筑太阳能一体化"分为太阳能与建筑光热一体化和光电一体化。

1) 太阳能与建筑光热一体化

光热转换一般采用集热器，集热器的安装实现了太阳能与建筑的完美结合。建筑一般为尖顶，集热器像天窗一样镶嵌于坡屋面、平铺于屋脊、壁挂于墙体或阳台外板，与建筑融为一体；防水结构设计合理；屋顶承重小；储热水箱在地下室、阁楼或楼梯间隐藏放置，不占室内空间，避免屋顶承重；热水的用途不仅仅是洗浴，还用来供暖和提供生活用水。

太阳能与建筑光热一体化按《民用建筑太阳能热水系统应用技术规范》(GB 50364)和《太阳能供热采暖工程技术规范》(GB 50495)要求进行施工。

施工过程中应注意保护屋面防水层，防止屋面渗漏；上下水管保温，最好放置室内减少热损；采用防雷、防风措施，消除安全隐患；安装位置宜在屋顶或阳台板；高寒地区应有防止结冰炸管的措施。

2) 太阳能与建筑光电一体化

光电转换一般采用太阳能发电整体屋顶技术，它采用结构设计的方法把太阳能电池组件发电方阵形成一个整体屋顶建筑构件来替代传统建筑物南坡屋顶，实现了太阳能发电和建筑的完美结合。

太阳能与建筑光电一体化按《民用建筑太阳能光伏系统应用技术规范》(JGJ 203)技术要求进行施工。

建议在群体建筑上造太阳能光伏发电厂，太阳能屋顶示范项目必须大于 50 千瓦，即需要至少 400 平方米的安装面积，一般将集中在学校、医院和政府等具有一定规模的公用和商用建筑。不建议在单栋建筑上做太阳能发电项目。

9. 供热计量技术

供热计量技术是对集中供热系统的热源供热量、热用户的用热量进行计量，包括热源或热力站热计量、楼栋热计量和分户热计量。

热源或热力站的燃料消耗量、补水量、耗电量应分项计量，循环水泵电量宜单独计量。

分户热计量是以住宅的户(套)为单位，以热量直接计量或热量分摊计量方式计量每户的供热量。

热量直接计量方式是采用户用热量表直接结算的方法，对各独立核算用户计量热量。

热量分摊计量方式是在楼栋热力入口处(或热力站)安装热量表计量总热量，再通过设置在住宅户内的测量记录装置，确定每个独立核算用户的用热量占总热量的比例，进而计算出用户的分摊热量，实现分户热计量。

用户热分摊方法主要有散热器热分配法、流量温度法、通断时间面积法和户用热量表法。

供热计量技术在施工环节除按设计进行施工外，运行前的调试是至关重要的，特别是水力平衡。

同时要注意室内温度传感器的位置和数量，如果每户仅在起居室内设一个温度传感器，则会导致仅有起居室到达要求温度，而其他房间温度会较低。

供热计量技术规程 JGJ 173—2009 为强制性标准，适用于民用建筑集中供热计量系统

的设计、施工、验收和节能改造，该标准规定了热计量装置的设计、安装及调试要求，强调水力平衡的重要性。

10. 建筑遮阳技术

建筑遮阳可以有效遮挡太阳过度辐射，减少夏季空调负荷，在节能减排的同时还具有提高室内热舒适度、减少眩光以提高室内视觉舒适度等优点。

1) 建筑遮阳的类型

建筑遮阳分为内遮阳、外遮阳、中置遮阳和内置遮阳几种类型。内遮阳主要有百叶帘、软卷帘、天棚帘；外遮阳主要有：百叶帘、硬卷帘、软卷帘、曲臂遮阳篷；内置遮阳为在中空玻璃中间有遮阳百叶。中置遮阳为 2 层玻璃窗之间有遮阳百叶或遮阳帘。

我国制定的相关标准有《建筑遮阳通用要求》(JG/T 274—2010)、《建筑遮阳热舒适、视觉舒适性能与分级》(JG/T 277—2010)等二十多部，有技术要求、产品标准和试验方法标准，建筑遮阳在我国基本形成了标准体系，有法可依。《建筑遮阳工程技术规范》已经编制完成，本书编写时正在报批中。

2) 电动智能遮阳装置的要求

当遮阳装置为电动时，所用电机的防水、防尘等级应符合《外壳防护等级》(IP 代码)(GB 4208)的规定；外遮阳装置使用的驱动装置的防护等级和技术要求应符合现行行业标准《建筑遮阳产品电力驱动装置技术要求》(JG/T 276—2010)和《建筑遮阳用电机》(JG/T 278—2010)的规定。当外遮阳装置在加装风速和雨水的传感器时，传感器应置于被控制区域的凸出且无遮蔽处，传感器所处位置应能充分反应该区域内遮阳产品所处的有关气象情况，必要时也可增加阳光自动控制功能。

3) 建筑遮阳的设计原则

建筑遮阳设计应根据当地的地理位置、气候特征、建筑类型、建筑功能、建筑造型、透明围护结构朝向等因素，选择适宜的遮阳形式。应兼顾采光、视野、通风、隔热和散热功能，严寒、寒冷地区不应影响建筑冬季的阳光入射。建筑不同部位、不同朝向可根据其所受太阳辐射照度，依次选择屋顶水平天窗(采光顶)，西向、东向、南向窗，北回归线以南地区必要时还宜对北向窗进行遮阳。

外遮阳的选用原则如下。

(1) 南向、北向宜采用水平式遮阳或综合式遮阳。

(2) 东西向宜采用垂直或挡板式遮阳。

(3) 东南向、西南向宜采用综合式遮阳。

内遮阳和中置遮阳的选用原则如下。

(1) 遮阳装置面向室外侧宜采用能反射太阳辐射的材料。

(2) 根据太阳辐射情况调节其角度和位置。

4) 遮阳装置与主体结构的连接

遮阳装置与主体结构的各个连接节点的锚固力设计取值不应小于按不利荷载组合计算得到的锚固力值的 2 倍，且不应小于 30 千牛。

遮阳装置应采用锚固件直接锚固在主体结构上，不得锚固在保温层、加气混凝土、混凝土空心砌块等墙体材料的基层墙体上，当基层墙体为该类不宜锚固件的墙体材料时，应在需要设置锚固件的位置预埋混凝土实心砌块，并符合《玻璃幕墙工程技术规范》(JGJ 102)和《混凝土结构后锚固技术规程》(JGJ 145)等的规定。

遮阳装置与主体结构的连接方式应按锚固力设计取值和实际情况确定。

对于任何遮阳装置，当最大尺寸大于或等于 3 米时，所有锚固件均应采用预埋式。

遮阳装置与主体结构连接的锚固要求如表 8.1 所示。

表 8.1　遮阳装置与主体结构连接的锚固要求

种　类		锚固件个数		锚固位置	锚固方式	锚固件材质
外遮阳		通过计算确定	每边≥3 个	基层墙体	预埋或后置	膨胀螺丝或钢筋，防腐处理
百叶帘						
外遮阳硬卷帘			每边≥3 个	基层墙体	预埋或后置	
外遮阳软卷帘						
曲臂遮阳篷						
后置式遮阳板(翼)	设计寿命15年		每边≥2 个	基层墙体	预埋或后置	钢筋进行防腐处理；不锈钢
	与主体同寿命		每边≥4 个	基层混凝土(钢)主体结构	预埋(焊接、螺栓接)	

11．植生生态混凝土

植生生态混凝土技术是在过去对混凝土的强度和耐久性要求的基础上，进一步结合环境问题，协调生态环境，降低环境负荷，保存及提高环境景观而发展起来的。这种处于国际领先水平的、由日本引进的成熟先进的新型技术，使混凝土成为与自然融合的、对自然环境和生态平衡具有积极保护作用的生态材料。

植生生态混凝土呈米花糖状，存在非常多的单独或连续的空隙。它将单一粒度的粗骨料(必要时可使用细骨料)、水泥、水(少量)及添加剂(SR-3/SR-4)进行适当的调整配比，经现场或商用混凝土搅拌，现浇及自然保养而成。该种混凝土除了起到高强护堤作用外，还由于自身的多孔性和良好的透气、透水性，能实现植物和水中生物在其中的生长，真正起到净化水质、改善景观和完善生态系统的多重功能。

植生混凝土技术可分为多孔混凝土的制备技术、内部碱环境的改造技术，以及植物生长基质的配置技术、植生喷灌系统、植生混凝土的施工技术等。根据植生混凝土所在部位，植生混凝土分为护堤植生混凝土、屋面植生混凝土和墙面植生混凝土。

(1) 护堤植生混凝土主要由碎石或碎卵石、普通硅酸盐水泥、矿物掺和料(硅灰、粉煤灰、矿粉)、水、高效减水剂材料组成，在护堤的同时还有美化环境的作用。护堤植生混凝土主要是利用模具置成的包含有大孔的混凝土模块拼接而成，模块含有的大孔供植物生长；或是采用大骨料制成的大孔混凝土，大孔供植物生长；强度范围在 10MPa 以上；容重 1800～2100 kg/m³；孔隙率不小于 15%，必要时可达 30%。

(2) 屋面植生混凝土由轻质骨料、普通硅酸盐水泥、硅灰或粉煤灰、水、植物种植基材料组成。它主要是利用多孔的轻骨料混凝土作为保水和植物根系生长基材，表面敷以植物生长腐殖质材料，混凝土强度在 5～15MPa 之间，容重 700～1100kg/m³，孔隙率为 18%～25%。

(3) 墙面植生混凝土由天然矿物废渣(单一粒径 5～8mm)、普通硅酸盐水泥、矿物掺和料、水、高效减水剂组成。主要是利用混凝土内形成庞大的毛细管网络，作为给植物提供水分和养分的基材，混凝土强度在 5～15MPa 之间，容重 1000～1400kg/m³，孔隙率为 15%～20%。

12. 透水混凝土

透水混凝土是既有透水性又有一定强度的多孔混凝土，其内部为多孔堆聚结构。透水的原理是利用总体积小于骨料总空隙体积的胶凝材料部分地填充粗骨料颗粒之间的空隙，即剩余部分空隙，并使其形成贯通的孔隙网，因而具有透水效果。透水混凝土在满足强度要求的同时，还需要保持一定的贯通孔隙来满足透水性的要求，因此在配制时除了选择合适的原材料外，还要通过配合比设计和制备工艺以及添加剂来达到保证强度和孔隙率的目的。

透水混凝土由骨料、水泥、水等组成，多采用单粒级或间断粒级的粗骨料作为骨架，细骨料的用量一般控制在总骨料的 20%以内。水泥可选用硅酸盐水泥、普通硅酸盐水泥和矿渣硅酸盐水泥。掺和料可选用硅灰、粉煤灰、矿渣微细粉等。混凝土强度为 15～30 MPa。透水性不小于 1 mm/s，孔隙率为 10%～20%。

透水混凝土的施工主要包括摊铺、成型、表面处理、接缝处理等工序。表面处理主要是为了保证提高表面观感，对已成型的透水混凝土表面进行修整或清洗。其缩缝应等距布设，间距不宜超过 6m。施工后采用覆盖养护，洒水保湿养护至少 7 天，养护期间要防止混凝土表面孔隙被泥沙污染。

透水混凝土的日常维护包括日常的清扫、封堵孔隙的清理。清理封堵孔隙可采用风机吹扫、高压冲洗或真空清扫等方法。

绿色施工作为建筑全寿命周期中的一个重要阶段，是可持续发展理念在工程施工中的全面体现，是实现建筑领域资源节约和节能减排的关键环节。

绿色施工技术是以"四节一环保"为目标，深化《建筑工程绿色施工评价标准》(GB/T 50640—2010)的技术内容，多数技术是国内领先乃至国际先进的，是可以实现的，具有一定的超前性和引导性，应因地制宜地选择，在示范工程中应用后在全国范围推广。

8.4 建筑工程绿色施工评价标准

【学习目标】

掌握建筑工程绿色施工评价标准，能够对建筑工程绿色施工进行评价。

1. 总则

1.1 为推进绿色施工，规范建筑工程绿色施工评价方法，制定本标准。

1.2 本标准适用于建筑工程绿色施工的评价。

1.3 建筑工程绿色施工的评价除应符合本标准外，还应符合国家有关标准的规定。

2. 术语

2.1 绿色施工(Green Construction)

工程建设中，在保证质量、安全等基本要求的前提下，通过科学管理和技术进步，最大限度地节约资源与减少对环境负面影响的施工活动，实现"四节一环保"(节能、节材、节水、节地和环境保护)。

2.2 控制项(Prerequisite Item)

绿色施工过程中必须达到的基本要求的条款。

2.3 一般项(General Item)

绿色施工过程中根据实施情况进行评价的条款。

2.4 优选项(Extra Item)

绿色施工过程中实施难度较大、要求较高的条款。

2.5 建筑垃圾(Construction Trash)

指新建、改建、扩建、拆除、加固各类建筑物、构筑物、管网等以及居民装饰装修房屋过程中产生的废物料。

2.6 建筑废弃物(Building Waste)

建筑垃圾分类后，丧失施工现场再利用价值的部分。

2.7 回收利用率(Percentage of Recovery and Reuse)

回收利用率=(建筑垃圾−建筑废弃物)/建筑垃圾。

2.8 施工禁令时间(Prohibitive Time of Construction)

国家和地方政府规定的禁止施工的时间段。

2.9 基坑封闭降水(Obdurate Ground Water Lowering)

在基底和基坑侧壁采取截水措施，对基坑以外地下水位不产生影响的降水方法。

3. 基本规定

3.1 绿色施工评价应以建筑工程施工过程为对象进行。

3.2 绿色施工项目应符合以下规定。

(1) 建立绿色施工管理体系和管理制度，实施目标管理。

(2) 根据绿色施工要求进行图纸会审和深化设计。

(3) 施工组织设计及施工方案应有专门的绿色施工章节，绿色施工目标明确，内容应涵盖"四节一环保"要求。

(4) 工程技术交底应包含绿色施工内容。

(5) 采用符合绿色施工要求的新材料、新技术、新工艺、新机具进行施工。

(6) 建立绿色施工培训制度，并有实施记录。

(7) 根据检查情况，制定持续改进措施。

(8) 采集和保存过程管理资料、见证资料和自检评价记录等绿色施工资料。

(9) 在评价过程中，应采集反映绿色施工水平的典型图片或影像资料。

3.3 发生下列事故之一，不得评为绿色施工合格项目。

(1) 发生安全生产死亡责任事故。

(2) 发生重大质量事故，并造成严重影响。

(3) 发生群体传染病、食物中毒等责任事故。

(4) 在施工中因"四节一环保"问题被政府管理部门处罚。

(5) 违反国家有关"四节一环保"的法律法规造成严重社会影响。

(6) 施工扰民造成严重社会影响。

4. 评价框架体系

4.1 评价阶段宜按地基与基础工程、结构工程、装饰装修与机电安装工程进行。

4.2 建筑工程绿色施工应依据环境保护、节材与材料资源利用、节水与水资源利用、节能与能源利用和节地与土地资源保护五个要素进行评价。

4.3 评价要素应由控制项、一般项、优选项三类评价指标组成。

4.4 评价等级应分为不合格、合格和优良。

4.5 绿色施工评价框架体系应由评价阶段、评价要素、评价指标、评价等级构成。

5. 环境保护评价指标

5.1 控制项

(1) 现场施工标牌应包括环境保护内容。

(2) 施工现场应在醒目位置设环境保护标志。

(3) 施工现场的文物古迹和古树名木应采取有效保护措施。

(4) 现场食堂应有卫生许可证，炊事员应持有效健康证明。

5.2 一般项

1) 资源保护应符合下列规定

(1) 应保护场地四周原有地下水形态，减少抽取地下水。

(2) 危险品、化学品存放处及污物排放应采取隔离措施。

2) 人员健康应符合下列规定

(1) 施工作业区和生活办公区应分开布置，生活设施应远离有毒有害物质。

(2) 生活区应有专人负责，应有消暑或保暖措施。

(3) 现场工人劳动强度和工作时间应符合现行国家标准《体力劳动强度等级》(GB 3869) 的有关规定。

(4) 从事有毒、有害、有刺激性气味以及强光、强噪音施工的人员应佩戴与其相应的防护器具。

(5) 深井、密闭环境、防水和室内装修施工应有自然通风或临时通风设施。

(6) 现场危险设备、地段、有毒物品存放地应配置醒目安全标志，施工应采取有效防毒、防污、防尘、防潮、通风等措施，应加强人员健康管理。

(7) 厕所、卫生设施、排水沟及阴暗潮湿地带应定期消毒。

(8) 食堂各类器具应清洁，个人卫生应达标，操作行为应规范。

3) 扬尘控制应符合下列规定

(1) 现场应建立洒水清扫制度，配备洒水设备，并应有专人负责。

(2) 对裸露地面、集中堆放的土方应采取抑尘措施。

(3) 运送土方、渣土等易产生扬尘的车辆应采取封闭或遮盖措施。

(4) 现场进出口应设冲洗池和吸湿垫，应保持进出现场车辆清洁。

(5) 易飞扬和细颗粒建筑材料应封闭存放，余料应及时回收。

(6) 易产生扬尘的施工作业应采取遮挡、抑尘等措施。

(7) 拆除爆破作业应有降尘措施。

(8) 高空垃圾清运应采用封闭式管道或垂直运输机械完成。

(9) 现场使用散装水泥、预拌砂浆应有密闭防尘措施。

4) 废气排放控制应符合下列规定

(1) 进出场车辆及机械设备废气排放应符合国家年检要求。

(2) 不应使用煤作为现场生活的燃料。

(3) 电焊烟气的排放应符合现行国家标准《大气污染物综合排放标准》(GB 16297)的规定。

(4) 不应在现场燃烧废弃物。

5) 建筑垃圾处置应符合下列规定

(1) 建筑垃圾应分类收集、集中堆放。

(2) 废电池、废墨盒等有毒有害的废弃物应封闭回收，不应混放。

(3) 有毒有害废物分类率应达到100%。

(4) 垃圾桶应分为可回收与不可回收利用两类，应定期清运。

(5) 建筑垃圾回收利用率应达到30%

(6) 碎石和土石方类等应用作地基和路基回填材料。

6) 污水排放应符合下列规定

(1) 现场道路和材料堆放场地周边应设排水沟。

(2) 工程污水和试验室养护用水应经处理达标后排入市政污水管道。

(3) 现场厕所应设置化粪池，化粪池应定期清理。

(4) 工地厨房应设隔油池，隔油池应定期清理。

(5) 雨水、污水应分流排放。

7) 光污染应符合下列规定

(1) 夜间焊接作业时，应采取挡光措施。

(2) 工地设置大型照明灯具时，应有防止强光线外泄的措施。

8) 噪音控制应符合下列规定

(1) 应采用先进机械、低噪音设备进行施工，机械、设备应定期保养维护。

(2) 产生噪声较大的机械设备，应尽量远离施工现场办公区、生活区和周边住宅区。

(3) 混凝土输送泵、电锯房等应设有吸音降噪屏或其他降噪措施。

(4) 夜间施工噪音声强值应符合国家有关规定。

(5) 吊装作业指挥应使用对讲机传达指令。

9) 施工现场应设置连续、密闭能有效隔绝各类污染的围挡

10) 施工中，开挖土方应合理回填利用

5.3 优选项

(1) 施工作业面应设置隔音设施。

(2) 现场应设置可移动环保厕所，并应定期清运、消毒。

(3) 现场应设噪声监测点，并应实施动态监测。

(4) 现场应有医务室，人员健康应急预案应完善。

(5) 施工应采取基坑封闭降水措施。

(6) 现场应采用喷雾设备降尘。

(7) 建筑垃圾回收利用率应达到50%。

(8) 工程污水应采取去泥沙、除油污、分解有机物、沉淀过滤、酸碱中和等处理方式，实现达标排放。

6. 节材与材料资源利用评价指标

6.1 控制项

(1) 应根据就地取材的原则进行材料选择并有实施记录。

(2) 应有健全的机械保养、限额领料、建筑垃圾再生利用等制度。

6.2 一般项

1) 材料的选择应符合下列规定

(1) 施工应选用绿色、环保材料。

(2) 临建设施应采用可拆迁、可回收材料。

(3) 应利用粉煤灰、矿渣、外加剂等新材料降低混凝土和砂浆中的水泥用量。粉煤灰、矿渣、外加剂等新材料掺量应按供货单位推荐掺量、使用要求、施工条件、原材料等因素通过试验确定。

2) 材料节约应符合下列规定

(1) 应采用管件合一的脚手架和支撑体系。

(2) 应采用工具式模板和新型模板材料，如铝合金、塑料、玻璃钢和其他可再生材质的大模板和钢框镶边模板。

(3) 材料运输方法应科学，应降低运输损耗率。

(4) 应优化线材下料方案。

(5) 面材、块材镶贴，应做到预先总体排版。

(6) 应因地制宜，采用利于降低材料消耗的四新技术。

(7) 应提高模板、脚手架体系的周转率。

3) 资源再生利用应符合下列规定

(1) 建筑余料应合理使用。

(2) 板材、块材等下脚料和撒落混凝土及砂浆应科学利用。

(3) 临建设施应充分利用既有建筑物、市政设施和周边道路。

(4) 现场办公用纸应分类摆放，纸张应两面使用，废纸应回收利用。

6.3 优选项

(1) 应编制材料计划，应合理使用材料。

(2) 应采用建筑配件整体化或建筑构件装配化安装的施工方法。

(3) 主体结构施工应选择自动提升、顶升模架或工作平台。

(4) 建筑材料包装物回收率应达到 100%。

(5) 现场应使用预拌砂浆。

(6) 水平承重模板应采用早拆支撑体系。

(7) 现场临建设施和安全防护设施应定型化、工具化、标准化。

7. 节水与水资源利用评价指标

7.1 控制项

(1) 签订标段分包或劳务合同时，应将节水指标纳入合同条款。

(2) 应有计量考核记录。

7.2 一般项

1) 节约用水应符合下列规定

(1) 应根据工程特点，制定用水定额。

(2) 施工现场供、排水系统应合理适用。

(3) 施工现场办公区、生活区的生活用水应采用节水器具，节水器具配置率应达到 100%。

(4) 施工现场的生活用水与工程用水应分别计量。

(5) 施工中应采用先进的节水施工工艺。

(6) 混凝土养护和砂浆搅拌用水应合理，应有节水措施。

(7) 管网和用水器具不应有渗漏。

2) 水资源的利用应符合下列规定

(1) 基坑降水应储存使用。

(2) 冲洗现场机具、设备、车辆用水，应设立循环用水装置。

7.3 优选项

(1) 施工现场应建立基坑降水再利用的收集处理系统。

(2) 施工现场应有雨水收集利用的设施。

(3) 喷洒路面、绿化浇灌不应用自来水。

(4) 生活、生产污水应处理并使用。

(5) 现场应使用经检验合格的非传统水源。

8. 节能与能源利用评价指标

8.1 控制项

(1) 对施工现场的生产、生活、办公和主要耗能施工设备应设有节能的控制措施。

(2) 对主要耗能施工设备应定期进行耗能计量核算。

(3) 不应使用国家、行业、地方政府明令淘汰的施工设备、机具和产品。

8.2 一般项

1) 临时用电设施应符合下列规定

(1) 应采用节能型设施。

(2) 临时用电应设置合理,管理制度应齐全并应落实到位。

(3) 现场照明设计应符合现行行业标准《施工现场临时用电安全技术规范》(JGJ 46)的规定。

2) 机械设备应符合下列规定

(1) 应采用能源利用效率高的施工机械设备。

(2) 施工机具资源应共享。

(3) 应定期监控重点耗能设备的能源利用情况,并有记录。

(4) 应建立设备技术档案,并应定期进行设备维护、保养。

3) 临时设施应符合下列规定

(1) 临时设施应结合日照和风向等自然条件,合理采用自然采光、通风和外窗遮阳设施。

(2) 临时施工用房应使用热工性能达标的复合墙体和屋面板,顶棚宜采用吊顶。

4) 材料运输与施工应符合下列规定

(1) 建筑材料的选用应缩短运输距离,减少能源消耗。

(2) 应采用能耗少的施工工艺。

(3) 应合理安排施工工序和施工进度。

(4) 应尽量减少夜间作业和冬期施工的时间。

8.3 优选项

(1) 应根据当地气候和自然资源条件,合理利用太阳能或其他可再生能源。

(2) 临时用电设备应采用自动控制装置。

(3) 应使用国家和行业推荐的节能、高效、环保的施工设备和机具。

(4) 办公、生活和施工现场,采用节能照明灯具的数量应大于80%。

(5) 办公、生活和施工现场用电应分别计量。

9. 节地与土地资源保护评价指标

9.1 控制项

(1) 施工场地布置应合理并应实施动态管理。

(2) 施工临时用地应有审批用地手续。

(3) 施工单位应充分了解施工现场及毗邻区域内人文景观保护要求、工程地质情况及基础设施管线分布情况，制定相应的保护措施，并应报请相关方核准。

9.2　一般项

1) 节约用地应符合下列规定

(1) 施工总平面布置应紧凑，并应尽量减少占地。

(2) 应在经批准的临时用地范围内组织施工。

(3) 应根据现场条件，合理设计场内交通道路。

(4) 施工现场临时道路布置应与原有及永久道路兼顾考虑，并应充分利用拟建道路为施工服务。

(5) 应采用商品混凝土。

2) 保护用地应符合下列规定

(1) 应采取防止水土流失的措施。

(2) 应充分利用山地或荒地作为取、弃土场的用地。

(3) 施工后应恢复植被。

(4) 应对深基坑施工方案进行优化，并应减少土方开挖和回填量，保护用地。

(5) 在生态脆弱的地区施工完成后，应进行地貌复原。

9.3　优选项

(1) 临时办公和生活用房应采用结构可靠的多层轻钢活动板房、钢骨架多层水泥活动板房等可重复使用的装配式结构。

(2) 对施工中发现的地下文物资源，应进行有效保护，恰当处理。

(3) 地下水位控制应对相邻地表和建筑物无有害影响。

(4) 钢筋加工应配送化，构件制作应工厂化。

(5) 施工总平面布置应能充分利用和保护原有建筑物、构筑物、道路和管线等，职工宿舍应满足 2 平方米/人的使用面积要求。

10. 评价方法

10.1　绿色施工项目自评价次数每月不应少于一次，且每阶段不应少于一次。

10.2　评价方法

(1) 控制项指标，必须全部满足；评价方法应符合表 8.2 的规定。

表 8.2　控制项评价方法

序　号	评分要求	结　论	说　明
1	措施到位，全部满足考评指标要求	符合要求	进入评分流程
2	措施不到位，不满足考评指标要求	不符合要求	一票否决，为非绿色施工项目

(2) 一般项指标，应根据实际发生项执行的情况计分，评价方法应符合表 8.3 的规定。

表 8.3　一般项计分标准

序　号	评分要求	评　分
1	措施到位，满足考评指标要求	2
2	措施基本到位，部分满足考评指标要求	1
3	措施不到位，不满足考评指标要求	0

(3) 优选项指标，应根据实际发生项执行情况加分，评价方法应符合表 8.4 的规定。

表 8.4　优选项加分标准

序　号	评分要求	评　分
1	措施到位，满足考评指标要求	1
2	措施基本到位，部分满足考评指标要求	0.5
3	措施不到位，不满足考评指标要求	0

10.3　要素评价得分

(1) 一般项得分应按百分制折算，并按下式进行计算：

$$A=B/C\times100$$

式中：A——折算分；

B——实际发生项条目实得分之和；

C——实际发生项条目应得分之和。

(2) 优选项加分：应按优选项实际发生条目加分求和(D)。

(3) 要素评价得分：要素评价得分(F)=一般项折算分(A)+优选项加分(D)。

10.4　批次评价得分

(1) 批次评价应按表 8.5 的规定进行要素权重确定。

表 8.5　批次评价要素权重系数表

评价要素	评价阶段：地基与基础、结构工程、装饰装修与机电安装
环境保护	0.3
节材与材料资源利用	0.2
节水与水资源利用	0.2
节能与能源利用	0.2
节地与施工用地保护	0.1

(2) 批次评价得分(E)=$\sum$要素评价得分(F)×权重系数

10.5　阶段评价得分

阶段评价得分(G)=$\sum$批次评价得分(E)/评价批次数

10.6　单位工程绿色评价得分

(1) 单位工程评价应按表 8.6 的规定进行要素权重确定。

表 8.6　单位工程要素权重系数表

评价阶段	权重系数
地基与基础	0.3
结构工程	0.5
装饰装修与机电安装	0.2

(2) 单位工程评价得分(W)=$\sum$阶段评价得分(G)×权重系数

10.7　单位工程绿色施工等级判定

(1) 有下列情况之一者为不合格。

控制项不满足要求；

单位工程总得分 $W<60$ 分；

结构工程阶段得分 $G<60$ 分。

(2) 满足以下条件者为合格。

控制项全部满足要求；

单位工程总得分 60 分$\leqslant W<80$ 分，结构工程阶段得分 $G\geqslant60$ 分；

至少每个评价要素各有一项优选项得分，优选项总分$\geqslant5$。

(3) 满足以下条件者为优良。

控制项全部满足要求；

单位工程总得分 $W\geqslant80$ 分，结构工程阶段得分 $G\geqslant80$ 分；

至少每个评价要素中有两项优选项得分，优选项总分$\geqslant10$。

11. 评价组织和程序

11.1　评价组织

(1) 单位工程绿色施工评价应由建设单位组织，项目施工单位和监理单位参加，评价结果应由建设、监理、施工单位三方签认。

(2) 单位工程施工阶段评价应由监理单位组织，项目建设单位和施工单位参加，评价结果应由建设、监理、施工单位三方签认。

(3) 单位工程施工批次评价应由施工单位组织，项目建设单位和监理单位参加，评价结果应由建设、监理、施工单位三方签认。

(4) 企业应进行绿色施工的随机检查，并对绿色施工目标的完成情况进行评估。

(5) 项目部会同建设和监理单位应根据绿色施工情况，制定改进措施，由项目部实施改进。

(6) 项目部应接受建设单位、政府主管部门及其委托单位的绿色施工检查。

11.2　评价程序

(1) 单位工程绿色施工评价应在批次评价和阶段评价的基础上进行。

(2) 单位工程绿色施工评价应由施工单位提出书面申请，在工程竣工验收前进行评价。

(3) 单位工程绿色施工评价应检查相关技术和管理资料，并应听取施工单位《绿色施工总体情况报告》，综合确定绿色施工评价等级。

(4) 单位工程绿色施工评价结果应在有关部门备案。

11.3 评价资料

(1) 单位工程绿色施工评价资料应包括：

绿色施工组织设计专门章节，施工方案的绿色要求、技术交底及实施记录。

绿色施工要素评价表应按表 8.7 的格式进行填写。

绿色施工批次评价汇总表应按表 8.8 的格式进行填写。

绿色施工阶段评价汇总表应按表 8.9 的格式进行填写。

反映绿色施工要求的图纸会审记录。

单位工程绿色施工评价汇总表应按表 8.10 的格式进行填写。

单位工程绿色施工总体情况总结。

单位工程绿色施工相关方验收及确认表。

反映评价要素水平的图片或影像资料。

具体评价表详见本书附件。

(2) 绿色施工评价资料应按规定存档。

(3) 所有评价表编号应均按时间顺序的流水号排列。

表 8.7　绿色施工要素评价表

工程名称		编号		
		填表日期		
施工单位		施工阶段		
评价指标		施工部位		
控制项	标准编号及标准要求		评价结论	
一般项	标准编号及标准要求	计分标准	应得分	实得分
优选项				

评价结果			
签字栏	建设单位	监理单位	施工单位

表 8.8　绿色施工批次评价汇总表

工程名称		编号	
		填表日期	
评价阶段			
评价要素	评价得分	权重系数	实得分
环境保护		0.3	
节材与材料资料利用		0.2	
节水与水资源利用		0.2	
节能与能源利用		0.2	
节地与施工用地保护		0.1	
合计		1.0	
评价结论	1. 控制项 2. 评价得分 3. 优选项 结论		
签字栏	建设单位	监理单位	施工单位

表 8.9　绿色施工阶段评价汇总表

工程名称		编号	
		填表日期	
评价阶段			
评价批次	批次得分	评价批次	批次得分
1		9	
2		10	
3		11	

续表

评价批次	批次得分	评价批次	批次得分
4		12	
5		13	
6		14	
7		15	
8		...	
小计			
签字栏	建设单位	监理单位	施工单位

注：阶段评价得分 $G=\dfrac{\sum 批次评价得分(E)}{评价批次数}$。

表 8.10　单位工程绿色施工评价汇总表

工程名称		编号	
		填表日期	
评价阶段	阶段得分	权重系数	实得分
地基与基础		0.3	
结构工程		0.5	
装饰装修与机电安装		0.2	
合计		1.0	
评价结论			
签字盖章栏	建设单位(章)	监理单位(章)	施工单位(章)

本 章 实 训

1. 实训内容

进行绿色施工的项目实训(指导教师选择一个真实的工程项目或学校实训场地，带领学生进行实训操作)，熟悉绿色施工技术和管理的基本知识，从绿色施工管理、环境保护、节材与材料资源利用、节水与水资源利用、节能与能源利用、节地与施工用地保护等方面进行全过程模拟训练，熟悉绿色施工管理技术要点和国家相应的规范要求。

2. 实训目的

通过课堂学习结合课下实训达到熟练掌握绿色施工和国家绿色施工导则的要求，提高学生进行绿色施工管理的综合能力。

3. 实训要点

(1) 培养学生通过对绿色施工的运行与实训，加深对绿色施工国家标准的理解，掌握绿色施工管理要点，进一步加强对专业知识的理解。

(2) 分组制订计划与实施。培养学生团队协作的能力，获取绿色施工管理技术和经验。

4. 实训过程

1) 实训准备要求

(1) 做好实训前相关资料的查阅，熟悉绿色施工有关的规范要求。

(2) 准备实训所需的工具与材料。

2) 实训要点

(1) 实训前做好交底。

(2) 制订实训计划。

(3) 分小组进行，小组内部分工合作。

3) 实训操作步骤

(1) 按照绿色施工要求，选择绿色施工方案。

(2) 模拟进行绿色施工方案的编制。

(3) 进行绿色施工成果分析。

(4) 做好实训记录和相关技术资料整理。

(5) 进行小组互评和最终评定。

4) 教师指导点评和疑难解答

5) 实地观摩

6) 进行总结

5. 实训项目基本步骤表

步　骤	教师行为	学生行为
1	交代工作任务背景，引出实训项目	(1) 分好小组
2	布置绿色施工实训应做的准备工作	(2) 准备实训工具、材料和场地
3	使学生明确绿色施工实训的步骤	
4	学生分组进行实训操作，教师巡回指导	完成绿色施工实训全过程
5	结束指导点评实训成果	自我评价或小组评价
6	实训总结	小组总结并进行经验分享

6. 项目评估

项目：		指导老师：
项目技能	技能达标分项	备　注
绿色施工	1. 方案完善　　　　　得 0.5 分 2. 准备工作完善　　　得 0.5 分 3. 设计过程准确　　　得 1.5 分 4. 设计图纸合格　　　得 1.5 分 5. 分工合作合理　　　得 1 分	根据职业岗位所需和技能要求，学生可以补充完善达标项
自我评价	对照达标分项　　　得 3 分为达标 对照达标分项　　　得 4 分为良好 对照达标分项　　　得 5 分为优秀	客观评价
评议	各小组间互相评价 取长补短，共同进步	提供优秀作品观摩学习

自我评价＿＿＿＿＿＿＿＿＿＿　　　　　　　　个人签名＿＿＿＿＿＿＿＿＿

小组评价　达标率＿＿＿＿＿＿＿　　　　　　　组长签名＿＿＿＿＿＿＿＿＿

　　　　　　良好率＿＿＿＿＿＿＿

　　　　　　优秀率＿＿＿＿＿＿＿

　　　　　　　　　　　　　　　　　　　　　　　年　　　月　　　日

本 章 总 结

　　绿色施工是指工程建设中，在保证质量、安全等基本要求的前提下，通过科学管理和技术进步，最大限度地节约资源与减少对环境负面影响的施工活动，强调的是从施工到工程竣工验收全过程的"四节一环保"的绿色建筑核心理念。

　　绿色施工是建筑全寿命周期中的一个重要阶段。实施绿色施工，应进行总体方案优化。在规划、设计阶段，应充分考虑绿色施工的总体要求，为绿色施工提供基础条件。

　　绿色施工总体框架由施工管理、环境保护、节材与材料资源利用、节水与水资源利用、节能与能源利用、节地与施工用地保护六个方面组成。

　　绿色施工管理主要包括组织管理、规划管理、实施管理、评价管理和人员安全与健康管理五个方面。

　　环境保护主要包括对噪音与振动控制、光污染控制、水污染控制、土壤保护、建筑垃圾控制、地下设施、文物和资源保护等。

　　绿色施工技术是以水、太阳能等自然资源为主线，使建筑物在发挥其使用功能的同时融入自然，充分利用自然界给予我们的资源，以减少对环境的污染，使人与自然和谐相处，从而体现绿色主题。

　　绿色施工评价应以建筑工程施工过程为对象进行，包括建立绿色施工管理体系和管理制度，实施目标管理。根据绿色施工要求进行图纸会审和深化设计。采用符合绿色施工要求的新材料、新技术、新工艺、新机具进行施工等内容。

本 章 习 题

1. 什么是绿色施工？绿色施工的原则有哪些？
2. 绿色施工有哪些基本要求？
3. 绿色施工总体框架包括哪些内容？
4. 绿色施工技术要点包括哪些内容？
5. 绿色施工管理主要包括哪些内容？
6. 绿色施工环境保护有哪些要求？
7. 绿色施工节材与材料资源利用技术要点有哪些？
8. 绿色施工节水与水资源利用技术要点有哪些？
9. 绿色施工节能与能源利用技术要点有哪些？
10. 绿色施工节地与施工用地保护技术要点有哪些？
11. 绿色施工新技术有哪些？
12. 绿色施工评价标准有哪些？

附件：绿色施工评价表(一套)

附表 1　绿色施工要素评价表

工程名称		编号	
		填表日期	
施工单位		施工阶段	地基☐ 结构☐ 安装☐
评价要素	环境保护	施工部位	

	标准编号及标准要求	计分标准	评价结论	
控制项	5.1.1　现场施工标牌应包括环境保护内容	必须全部符合考评指标要求；不符合要求的一票否决,不得进入评分流程		
	5.1.2　施工现场应在醒目的位置设环境保护标志			
	5.1.3　施工现场的文物古迹和古树名木应采取有效保护措施			
	5.1.4　现场食堂应有卫生许可证,炊事员应持有效健康证明			

	标准编号及标准要求	计分标准	应得分	实得分
一般项	5.2.1　资源保护	1. 措施到位,满足考评指标要求,得2分; 2. 措施基本到位,部分满足考评指标要求,得1分; 3. 措施不到位,不满足考评指标要求,得0分		
	1. 应保护场地四周原有地下水形态,减少抽取地下水		2	
	2. 危险品、化学品存放处及污物排放应采取隔离措施		2	
	5.2.2　人员健康			
	1. 施工作业区和生活办公区应分开布置,生活设施应远离有毒有害物质		2	
	2. 生活区应有专人负责,应有消暑或保暖措施		2	
	3. 现场工人劳动强度和工作时间应符合现行国家标准《体力劳动强度等级》(GB 3869)的有关规定		2	
	4. 从事有毒、有害、有刺激性气味和强光、强噪音施工的人员应佩戴与其相应的防护器具		2	
	5. 深井、密闭环境、防水和室内装修施工应有自然通风或临时通风设施		2	
	6. 现场危险设备、地段、有毒物品存放地应配置醒目安全标志,施工应采取有效防毒、防污、防尘、防潮、通风等措施,应加强人员健康管理		2	
	7. 厕所、卫生设施、排水沟及阴暗潮湿地带应定期消毒		2	
	8. 食堂各类器具应清洁,个人卫生应达标,操作行为应规范		2	
	5.2.3　扬尘控制			
	1. 现场应建立洒水清扫制度,配备洒水设备,并应有专人负责		2	
	2. 对裸露地面、集中堆放的土方应采取抑尘措施		2	
	3. 运送土方、渣土等易产生扬尘的车辆应采取封闭或遮盖措施		2	
	4. 现场进出口应设冲洗池和吸湿垫,应保持进出现场车辆清洁		2	
	5. 易飞扬和细颗粒建筑材料应封闭存放,余料应及时回收		2	

标准编号及标准要求	计分标准	应得分	实得分
6. 易产生扬尘的施工作业应采取遮挡、抑尘等措施		2	
7. 拆除爆破作业应有降尘措施		2	
8. 高空垃圾清运应采用封闭式管道或垂直运输机械完成		2	
9. 现场使用散装水泥、预拌砂浆应有密闭防尘措施		2	
5.2.4 废气排放控制 1. 进出场车辆及机械设备废气排放应符合国家年检要求		2	
2. 不应使用煤作为现场生活的燃料		2	
3. 电焊烟气的排放应符合现行国家标准《大气污染物综合排放标准》(GB 16297)的规定		2	
4. 不应在现场燃烧废弃物		2	
5.2.5 建筑垃圾处置 1. 建筑垃圾应分类收集、集中堆放		2	
2. 废电池、废墨盒等有毒有害的废弃物应封闭回收，不应混放	1. 措施到位，满足考评指标要求，得2分； 2. 措施基本到位，部分满足考评指标要求，得1分； 3. 措施不到位，不满足考评指标要求，得0分	2	
3. 有毒有害废物分类率应达到100%		2	
4. 垃圾桶应分为可回收与不可回收利用两类，应定期清运		2	
5. 建筑垃圾回收利用率应达到30%		2	
6. 碎石和土石方类等应用作地基和路基回填材料		2	
5.2.6 污水排放 1. 现场道路和材料堆放场地周边应设排水沟		2	
2. 工程污水和试验室养护用水应经处理达标后排入市政污水管道		2	
3. 现场厕所应设置化粪池，化粪池应定期清理		2	
4. 工地厨房应设隔油池，隔油池应定期清理		2	
5. 雨水、污水应分流排放		2	
5.2.7 光污染 1. 夜间焊接作业时，应采取挡光措施		2	
2. 工地设置大型照明灯具时，应有防止强光线外泄的措施		2	
5.2.8 噪音控制 1. 应采用先进机械、低噪音设备进行施工，机械、设备应定期保养维护		2	
2. 产生噪声较大的机械设备，应尽量远离施工现场办公区、生活区和周边住宅区		2	
3. 混凝土输送泵、电锯房等应设有吸音降噪屏或其他降噪措施		2	
4. 夜间施工噪音声强值应符合国家有关规定		2	
5. 吊装作业指挥应使用对讲机传达指令		2	
5.2.9 施工现场应设置连续、密闭能有效隔绝各类污染的围挡。		2	
5.2.10 施工中，开挖土方应合理回填利用		2	

一般项

	标准编号及标准要求	计分标准	应得分	实得分
优选项	5.3.1 施工作业面应设置隔音设施	1.措施到位，满足考评指标要求得1分； 2.措施基本到位，部分满足考评指标要求得0.5分； 3.措施不到位，不满足考评指标要求得0分	1	
	5.3.2 现场应设置可移动环保厕所，并应定期清运、消毒		1	
	5.3.3 现场应设噪声监测点，并应实施动态监测		1	
	5.3.4 现场应有医务室，人员健康应急预案应完善		1	
	5.3.5 施工应采取基坑封闭降水措施		1	
	5.3.6 现场应采用喷雾设备降尘		1	
	5.3.7 建筑垃圾回收利用率应达到50%		1	
	5.3.8 工程污水应采取去泥沙、除油污、分解有机物、沉淀过滤、酸碱中和等处理方式，实现达标排放		1	

评价得分	控制项：符合要求□　　不符合要求□ 一般项折算得分：（实得分/应得分）×100%＝　　　　分 优选项加分：　　　　分　　　　　　　　　　　　要素得分：　　　　分

签字栏	建设单位	监理单位	施工单位
	（盖章）	（盖章）	（盖章）

上级评价单位：　　　　　　　　　专家组组长：　　　　　　专家：

附表2　绿色施工要素评价表

工程名称		编号	
		填表日期	
施工单位		施工阶段	地基□ 结构□ 安装□
评价要素	**节材与材料资源利用**	施工部位	

	标准编号及标准要求	计分标准	评价结论
控制项	6.1.1 应根据就地取材的原则进行材料选择并有实施记录	必须全部符合考评指标要求；不符合要求的一票否决，不得进入评分流程	
	6.1.2 应有健全的机械保养、限额领料、建筑垃圾再生利用等制度		

标准编号及标准要求	计分标准	应得分	实得分
6.2.1 材料的选择 1. 施工应选用绿色、环保材料	1. 措施到位，满足考评指标要求，得2分； 2. 措施基本到位，部分满足考评指标要求，得1分； 3. 措施不到位，不满足考评指标要求，得0分	2	
2. 临建设施应采用可拆迁、可回收材料		2	
3. 应利用粉煤灰、矿渣、外加剂等新材料降低混凝土和砂浆中的水泥用量；粉煤灰、矿渣、外加剂等新材料掺量应按供货单位推荐掺量、使用要求、施工条件、原材料等因素通过试验确定		2	
6.2.2 材料节约 1. 应采用管件合一的脚手架和支撑体系		2	
2. 应采用工具式模板和新型模板材料，如铝合金、塑料、玻璃钢和其他可再生材质的大模板和钢框镶边模板		2	
3. 材料运输方法应科学，应降低运输损耗率		2	
4. 应优化线材下料方案		2	
5. 面材、块材镶贴，应做到预先总体排版		2	
6. 应因地制宜，采用利于降低材料消耗的四新技术		2	
7. 应提高模板、脚手架体系的周转率		2	
6.2.3 资源再生利用 1. 建筑余料应合理使用		2	
2. 板材、块材等下脚料和撒落混凝土及砂浆应科学利用		2	
3. 临建设施应充分利用既有建筑物、市政设施和周边道路		2	
4. 现场办公用纸应分类摆放，纸张应两面使用，废纸应回收利用		2	
6.3.1 应编制材料计划，应合理使用材料	1.措施到位，满足考评指标要求得1分； 2.措施基本到位，部分满足考评指标要求得0.5分； 3.措施不到位，不满足考评指标要求得0分	1	
6.3.2 应采用建筑配件整体化或建筑构件装配化安装的施工方法		1	
6.3.3 主体结构施工应选择自动提升、顶升模架或工作平台		1	
6.3.4 建筑材料包装物回收率应达到100%		1	
6.3.5 现场应使用预拌砂浆		1	
6.3.6 水平承重模板应采用早拆支撑体系		1	
6.3.7 现场临建设施和安全防护设施应定型化、工具化、标准化		1	

左侧纵向分类：一般项、优选项

评价得分	控制项：符合要求☐　　　不符合要求☐ 一般项折算得分：(实得分/应得分)×100%=　　　　分 优选项加分：　　　　分　　　　　　　　　　　**要素得分：**　　　分		

签字栏	建设单位 (盖章)	监理单位 (盖章)	施工单位 (盖章)

上级评价单位：　　　　　　　专家组组长：　　　　　　专家：

附表3 绿色施工要素评价表

工程名称			编号	
			填表日期	
施工单位			施工阶段	地基□结构□安装□
评价要素	节水与水资源利用		施工部位	

控制项	标准编号及标准要求	计分标准	评价结论	
	7.1.1 签订标段分包或劳务合同时，应将节水指标纳入合同条款	必须全部符合考评指标要求；不符合要求的一票否决，不得进入评分流程		
	7.1.2 应有计量考核记录			

	标准编号及标准要求	计分标准	应得分	实得分
一般项	**7.2.1 节约用水**			
	1. 应根据工程特点，制定用水定额	1. 措施到位，满足考评指标要求，得2分；2. 措施基本到位，部分满足考评指标要求，得1分；3. 措施不到位，不满足考评指标要求，得0分	2	
	2. 施工现场供、排水系统应合理适用		2	
	3. 施工现场办公区、生活区的生活用水应采用节水器具，节水器具配置率应达到100%		2	
	4. 施工现场的生活用水与工程用水应分别计量		2	
	5. 施工中应采用先进的节水施工工艺		2	
	6. 混凝土养护和砂浆搅拌用水应合理，应有节水措施		2	
	7. 管网和用水器具不应有渗漏		2	
	7.2.2 水资源的利用			
	1. 基坑降水应储存使用		2	
	2. 冲洗现场机具、设备、车辆用水，应设立循环用水装置		2	
优选项	7.3.1 施工现场应建立基坑降水再利用的收集处理系统	1. 措施到位，满足考评指标要求得1分；2. 措施基本到位，部分满足考评指标要求得0.5分；3. 措施不到位，不满足考评指标要求得0分	1	
	7.3.2 施工现场应有雨水收集利用的设施		1	
	7.3.3 喷洒路面、绿化浇灌不应用自来水		1	
	7.3.4 生活、生产污水应处理并使用		1	
	7.3.5 现场应使用经检验合格的非传统水源		1	

评价得分	控制项：符合要求□　　　不符合要求□ 一般项折算得分：(实得分/应得分)×100%＝　　　　分 优选项加分：　　　　分　　　　　　　**要素得分：**　　　　分		
签字栏	建设单位	监理单位	施工单位
	(盖章)	(盖章)	(盖章)

上级评价单位：　　　　　　　　专家组组长：　　　　　　　专家：

附表4　绿色施工要素评价表

工程名称			编号	
			填表日期	
施工单位			施工阶段	地基□ 结构□ 安装□
评价要素	节能与能源利用		施工部位	

	标准编号及标准要求	计分标准	评价结论	
控制项	8.1.1　对施工现场的生产、生活、办公和主要耗能施工设备应设有节能的控制措施	必须全部符合考评指标要求；不符合要求的一票否决，不得进入评分流程		
	8.1.2　对主要耗能施工设备应定期进行耗能计量核算			
	8.1.3　不应使用国家、行业、地方政府明令淘汰的施工设备、机具和产品			

	标准编号及标准要求	计分标准	应得分	实得分
一般项	8.2.1　临时用电设施 1. 应采用节能型设施	1. 措施到位，满足考评指标要求，得2分； 2. 措施基本到位，部分满足考评指标要求，得1分； 3. 措施不到位，不满足考评指标要求，得0分	2	
	2. 临时用电应设置合理，管理制度应齐全并应落实到位		2	
	3. 现场照明设计应符合现行行业标准《施工现场临时用电安全技术规范》(JGJ 46)的规定		2	
	8.2.2　机械设备 1. 应采用能源利用效率高的施工机械设备		2	
	2. 施工机具资源应共享		2	
	3. 应定期监控重点耗能设备的能源利用情况，并有记录		2	
	4. 应建立设备技术档案，并应定期进行设备维护、保养		2	
	8.2.3　临时设施 1. 施工临时设施应结合日照和风向等自然条件，合理采用自然采光、通风和外窗遮阳设施		2	
	2. 临时施工用房应使用热工性能达标的复合墙体和屋面板，顶棚宜采用吊顶		2	
	8.2.4　材料运输与施工 1. 建筑材料的选用应缩短运输距离，减少能源消耗		2	
	2. 应采用能耗少的施工工艺		2	
	3. 应合理安排施工工序和施工进度		2	
	4. 应尽量减少夜间作业和冬期施工的时间		2	
优选项	8.3.1　应根据当地气候和自然资源条件，合理利用太阳能或其他可再生能源	1. 措施到位，满足指标要求得1分； 2. 措施基本到位，部分满足指标要求得0.5分； 3. 措施不到位，不满足指标要求得0分	1	
	8.3.2　临时用电设备应采用自动控制装置		1	
	8.3.3　应使用国家、行业推荐的节能、高效、环保的施工设备和机具		1	
	8.3.4　办公、生活和施工现场采用节能照明灯具的数量应大于80%		1	
	8.3.5　办公、生活和施工现场用电应分别计量		1	

评价得分	控制项：符合要求□ 不符合要求□			
	一般项折算得分：(实得分/应得分)×100%= 分			
	优选项加分： 分		要素得分： 分	
签字栏	建设单位	监理单位	施工单位	
	(盖章)	(盖章)	(盖章)	

上级评价单位： 专家组组长： 专家：

附表5 绿色施工要素评价表

工程名称			编号	
			填表日期	
施工单位			施工阶段	地基□ 结构□ 安装□
评价要素	节地与土地资源保护		施工部位	

控制项	标准编号及标准要求	计分标准	评价结论
	9.1.1 施工场地布置应合理并应实施动态管理	必须全部符合考评指标要求；不符合要求的一票否决，不得进入评分流程	
	9.1.2 施工临时用地应有审批用地手续		
	9.1.3 施工单位应充分了解施工现场及毗邻区域内人文景观保护要求、工程地质情况及基础设施管线分布情况，制定相应的保护措施，并应报请相关方核准		

	标准编号及标准要求	计分标准	应得分	实得分
一般项	**9.2.1 节约用地**	1. 措施到位，满足考评指标要求，得2分；2. 措施基本到位，部分满足考评指标要求，得1分；3. 措施不到位，不满足考评指标要求，得0分		
	1. 施工总平面布置应紧凑，并应尽量减少占地		2	
	2. 应在经批准的临时用地范围内组织施工		2	
	3. 应根据现场条件，合理设计场内交通道路		2	
	4. 施工现场临时道路布置应与原有及永久道路兼顾考虑，并应充分利用拟建道路为施工服务		2	
	5. 应采用商品混凝土		2	
	9.2.2 保护用地			
	1. 应采取防止水土流失的措施		2	
	2. 应充分利用山地、荒地作为取、弃土场的用地		2	
	3. 施工后应恢复植被		2	
	4. 应对深基坑施工方案进行优化，并应减少土方开挖和回填量，保护用地		2	
	5. 在生态脆弱的地区施工完成后，应进行地貌复原		2	

	标准编号及标准要求	计分标准	应得分	实得分
优选项	9.3.1 临时办公和生活用房应采用结构可靠的多层轻钢活动板房、钢骨架多层水泥活动板房等可重复使用的装配式结构	1. 措施到位,满足指标要求得1分;	1	
	9.3.2 对施工中发现的地下文物资源,应进行有效保护,恰当处理	2. 措施基本到位,部分满足指标要求得0.5分;	1	
	9.3.3 地下水位控制应对相邻地表和建筑物无有害影响		1	
	9.3.4 钢筋加工应配送化,构件制作应工厂化	3. 措施不到位,不满足指标要求得0分	1	
	9.3.5 施工总平面布置应能充分利用和保护原有建筑物、构筑物、道路和管线等,职工宿舍应满足 $2m^2$/人的使用面积要求		1	
评价得分	控制项: 符合要求□ 不符合要求□ 一般项折算得分: (实得分/应得分)×100= 分 优选项加分: 分		要素得分: 分	
签字栏	建设单位 (盖章)	监理单位 (盖章)	施工单位 (盖章)	

上级评价单位: 专家组组长: 专家:

附表6 绿色施工批次评价汇总表

工程名称		编号	
		填表日期	
评价阶段	地基与基础□ 结构工程□ 装饰装修与机电安装□		
评价要素	评价得分	权重系数	实得分
环境保护		0.3	
节材与材料资源利用		0.2	
节水与水资源利用		0.2	
节能与能源利用		0.2	
节地与施工用地保护		0.1	
合计		1.0	
评价结论	1. 控制项: 2. 评价得分: 分 3. 优选项: 分 结论:		
签字栏	建设单位 (盖章)	监理单位 (盖章)	施工单位 (盖章)

上级评价单位: 专家组组长: 专家:

附表7 绿色施工阶段评价汇总表

工程名称			编号	
			填表日期	
评价阶段	地基与基础☐	结构工程☐	装饰装修与机电安装☐	
评价批次	批次得分	评价批次	批次得分	
1		6		
2		7		
3		8		
4		9		
5		10		
小 计	阶段评价得分：$G=\sum$批次评价得分(E)/评价批次数=		分	
签字栏	建设单位	监理单位	施工单位	
	(盖章)	(盖章)	(盖章)	

上级评价单位：　　　　　　专家组组长：　　　　　　专家：

附表8 单位工程绿色施工评价汇总表

工程名称		编号	
		填表日期	
评价阶段	阶段得分	权重系数	实得分
地基与基础		0.3	
结构工程		0.5	
装饰装修与机电安装		0.2	
合计		1.0	

单位工程绿色施工总评价

1. 控制项：满足要求　☐	结论：
不满足要求☐	1. 不合格☐
2. 总得分：　　$W=$　　分	2. 合格☐
3. 结构工程阶段得分 =　　　　分	3. 优良☐

评价结论			
签字栏	建设单位	监理单位	施工单位
	(盖章)	(盖章)	(盖章)

上级评价单位：　　　　　　专家组组长：　　　　　　专家：

参 考 文 献

[1]中华人民共和国住房和城乡建设部. GB/T 50378—2006《绿色建筑评价标准》[S]. 北京：中国建筑工业出版社，2006.

[2]中华人民共和国住房和城乡建设部. 《绿色建筑评价技术细则(试行)》[S]. 北京：中国建筑工业出版社，2007.

[3]中华人民共和国住房和城乡建设部. 《绿色建筑评价标识管理办法》[S]. 北京：中国建筑工业出版社，2007.

[4]中华人民共和国住房和城乡建设部. 《绿色施工导则》[S]. 北京：中国建筑工业出版社，2007.

[5]中华人民共和国住房和城乡建设部. GB/T 50640—2010《建筑工程绿色施工评价标准》[S]. 北京：中国建筑工业出版社，2010.

[6]中华人民共和国住房和城乡建设部. GB 50325—2010《民用建筑工程室内环境污染控制规范》[S]. 北京：中国建筑工业出版社，2010.

[7]中华人民共和国住房和城乡建设部. 公共建筑节能设计标准 GB 50189—2005 [S]. 北京：中国建筑工业出版社，2007.

[8]中华人民共和国住房和城乡建设部. 居住建筑节能检测标准 JGJ/T 132—2009 [S]. 北京：中国建筑工业出版社，2009.

[9]张希黔. 建筑施工中的新技术[M]. 北京：中国建筑工业出版社，2005.

[10]白润波，孙勇，马向前等. 绿色建筑节能技术与实例[M]. 北京：化学工业出版社，2012.

[11]图书编写组. 绿色建筑施工新技术[M]. 郑州：黄河水利出版社，2012.

[12]吴兴国. 绿色建筑和绿色施工技术[M]. 北京：中国环境出版社，2013.

[13]杜运兴，李丛笑，张国强等. 土木建筑工程绿色施工技术[M]. 北京：中国建筑工业出版社，2003.

[14]卜一德. 绿色建筑技术指南[M]. 北京：中国建筑工业出版社，2008.

[15]程大章，沈晔. 论绿色建筑的运营管理[D]. 北京：第九届国际绿色建筑与建筑节能大会论文集，2013.